Bärbel Kenner

Heimische Wildkräuter

Gesamtherstellung
einhorn-Verlag+Druck GmbH

Projektleitung
Jens Giese, einhorn-Verlag

Bilder
Bärbel Kenner
Simone Mathias, gegenwart-foto.de
Pixabay

Redaktion
Birgit Markert, einhorn-Verlag

Korrektorat
Ina Klompmaker, Redaktions-Praktikantin, einhorn-Verlag
Michaela Seegis, einhorn-Verlag

Gestaltung und Satz
Johanna Dolderer, einhorn-Verlag
Michaela Seegis, einhorn-Verlag

ISBN 978-3-95747-120-8

2. Auflage, September 2022
Printed in EU

www.einhornverlag.de

Heimische

Wild-kräuter

erkennen
fühlen
riechen
schmecken

einhorn

Bärbel Kenner

Da ich auf einem Bauernhof auf der schwäbischen Alb aufgewachsen bin, war ich von Kindesbeinen an viel in der Natur und habe sie kennen und lieben gelernt. Allerdings als Kind damals nicht immer ganz freiwillig.

Wenn Ernte war, mussten wir als Kinder oft mit aufs Feld, während unsere Freunde ins Freibad gingen oder sich anderweitig zum Spielen verabreden konnten. Allerdings erkennt man, wie so oft im Leben, erst sehr viel später, wie wertvoll manches in der Kindheit war. Damals schon erklärten uns die Eltern die verschiedenen Kräuter und Pflanzen, die am Feldrand wuchsen und blühten. Für die Landwirte waren sie oft nicht mehr als Unkraut.

Unser Vater schwor jedoch schon vor 50 Jahren auf die Heilkräfte der Natur. Wir Kinder wurden, wenn wir krank waren, erst mal mit homöopathischen Mitteln »behandelt«. Dafür bin ich ihm heute noch dankbar. Unsere Oma trocknete Kräuter, um im Winter daraus Tee zu machen. Das, was man für das tägliche Leben benötigte, wurde nicht gekauft, sondern zum größten Teil selbst angebaut. Wir waren sechs Kinder, hinzu kam eine Großtante, die zur Familie gehörte – also ein Neun-Personen-Haushalt. Wir hatten immer genug zu essen, es war immer abwechslungsreich, und es gab Gemüse nur dann, wenn es auch gewachsen ist. Kräuter zu sammeln und zu verarbeiten gehörte ganz selbstverständlich dazu. Es war ganz normal, wild wachsende Pflanzen als Nahrungsmittel oder Gewürz zu nutzen.

Ohne die genauen Inhaltsstoffe der Wildpflanzen zu kennen, wurden sie täglich verwendet. Intuitiv verwendete man die Pflanzen, egal ob als Würzkraut, für Tee, Tinktur, Sirup, Wein oder Likör. Meine Oma hatte immer irgendwelche Früchte oder Kräuter in Alkohol angesetzt. Hatte man Bauchweh, Durchfall, Verstopfung oder Ähnliches, Oma hatte immer irgendein »Schnäpsle« parat!

Das Wissen darum, wie Kräuter auf unsere Körper wirken, wurde von Generation zu Generation weitergereicht.

Heute wissen wir sehr wohl über den Wert der Wildpflanzen Bescheid. Viele enthalten große Mengen an gesundheitsfördernden Inhaltsstoffen wie z.B. Vitamine, Eiweiß, Mineralstoffe, Bitterstoffe und Gerbstoffe. Die Konzentration ist in Wildpflanzen meist sehr viel höher als in kultivierten Pflanzen.
Trauen wir uns also einfach wieder, Wildpflanzen in unserer täglichen Ernährung zu verwenden. Unser Körper wird es uns danken.
Wenn wir mit offenen Augen durch die Natur gehen, merken wir, dass uns die Erde einen unermesslichen Reichtum schenkt. Die Pflanzen auf der Wiese, am Wegesrand oder im Wald sind weit vielfältiger und wertvoller, als wir denken und wissen.
Das ganze Jahr über können wir Pflanzen finden, die unserem Körper guttun, und das völlig kostenlos vor unserer Haustüre.
Ein herrlich leckerer frischer Wildkräutersalat im Frühling, duftende Gewürze, wohlriechende Kräuter, aromatische Pflanzen, die uns im Sommer begegnen, und nicht zuletzt die Beeren und Früchte, die uns die Natur im Herbst schenkt, sind eine tolle und vor allem gesunde Abwechslung für unseren Speiseplan.
Lassen Sie sich von diesem Buch inspirieren Neues auszuprobieren und lernen Sie Wildkräuter kennen, wertschätzen und anwenden!

Ich wünsche viel Spaß beim Lesen und beim Kräuter Erkennen, Sammeln, Verarbeiten und Genießen.

Ihre Bärbel Kenner
Kräuterpädagogin BNE

www.kraeuter-kenner.de

Wildkräuter sammeln

Es ist ein Erlebnis, Wildkräuter in der Natur zu sammeln; allerdings ist auch ein »Gewusst was, wann und wie« angebracht.
Als erster Grundsatz versteht sich: Nur die Pflanzen sammeln, die man auch wirklich kennt. Auch in der Pflanzenwelt gibt es giftige »Verwandte«. Ebenso gibt es Pflanzen, die unter Naturschutz stehen.
Nicht an stark befahrenen Straßen oder an Wegen, an denen Hunde unterwegs sind, ernten. Auch am Rand von konventionell bewirtschafteten landwirtschaftlichen Flächen sollte man keine Kräuter ernten.
Am besten sammelt man Wildkräuter an sonnigen, warmen Tagen, am späten Vormittag, da sie dann ihr volles Aroma entfalten. Ideal ist es, junge und unbeschädigte Pflanzen zu sammeln, da diese die meisten wertvollen Inhaltsstoffe haben. Es ist ratsam, immer eine Schere oder ein Messer dabeizuhaben, da man so an manchen Pflanzen die Stiele oder Blätter leichter entfernen kann und die Pflanze nicht beschädigt.
Man sollte auch nur so viel ernten, wie man wirklich benötigt. Auch sollte man immer mindestens die Hälfte der Pflanze stehen lassen, da auch Tiere und Insekten die Pflanzen brauchen. Außerdem wollen wir ja auch im nächsten Jahr wieder ernten. Aus diesem Grund bin ich auch kein Freund davon, Wurzeln auszugraben, es sei denn, es ist eine Pflanze, die sehr üppig wächst, zum Beispiel der Löwenzahn.

Wildkräuter verarbeiten

Zuhause angekommen, verarbeitet man die gesammelten Kräuter am besten sofort. Frisch verarbeitet, erlebt man das volle Aroma der Kräuter oder Früchte. Wildkräuter schmecken meist sehr viel aromatischer, herber und intensiver als unsere Gartenkräuter oder Salate, die wir im Supermarkt kaufen. Dies liegt meist an den enthaltenen Bitterstoffen oder der Gerbsäure, welche wilde Pflanzen benötigen, um sich vor Wildfraß zu schützen. Genau diese Inhaltsstoffe machen sie für unsere Ernährung so wertvoll, da sie die Verdauung fördern.
Sollte man nicht alle gesammelten Kräuter gleich verwenden, können sie in einer Dose, die mit einem feuchten Küchentuch ausgelegt ist, aufbewahrt werden; allerdings nicht länger als ein bis zwei Tage.
Verarbeitet werden können die Kräuter je nach Belieben, egal ob zu Smoothies, Suppen, Salaten oder zu Gemüse.

Sehr schön sind natürlich auch viele Blüten, die als Dekoration genutzt werden können. Egal ob Gänseblümchen, Knoblauchsrauke oder Kapuzinerkresse – sie sind nicht nur ein Augenschmaus, sie schmecken auch sehr lecker und sind gesund.
Selbstverständlich können wir Wildkräuter auch konservieren. Dies bietet sich zum Beispiel an, indem man sein eigenes Kräutersalz herstellt, Pestos aus Bärlauch oder Giersch macht oder die Früchte der Natur einfriert.
Ideal ist es auch, fertige Wildkräutersuppen und -soßen einzufrieren, um auch im Winter mit den Schätzen der Natur versorgt zu werden. Auch die Herstellung von Säften oder Sirup ist eine gute Möglichkeit, Wildkräuter und Wildfrüchte zu konservieren. Am meisten bekannt ist wohl die Herstellung von Gelee oder Fruchtaufstrichen. Hier sind der Fantasie keine Grenzen gesetzt.
Natürlich können aus den Gaben der Natur auch Tinkturen, Liköre, Frucht- oder Kräuterweine hergestellt werden. Ebenso ist das Einlegen der Kräuter in Essig oder Öl sehr zu empfehlen.
Auch das Trocknen der Kräuter für Tee oder zur Verwendung als Gewürz ist eine einfache Art, um auch im Winter versorgt zu sein. Zum Trocknen der Kräuter werden diese am besten zu kleinen Sträußen gebunden und kopfüber an einem trockenen Platz aufgehängt. Wer dazu keine Möglichkeit hat, kann die Kräuter im Sommer auch an einem luftigen Platz auf einem Küchentuch ausgelegt trocknen. Allerdings nicht in der prallen Sonne, da sie sonst braun und geschmacklos werden. Die Pflanzen sind ganz trocken, wenn sie sich leicht zerbröseln lassen. Aufbewahrt werden die getrockneten Kräuter am besten in Stoffbeuteln oder in Dosen, auf jeden Fall in einem lichtundurchlässigen Gefäß. Sie sind bis zu einem Jahr haltbar.

Inhalt

1. Bärlauch – die Frühlingspflanze mit Bärenkräften 8
2. Brennnessel – große Heilerin, üppige Nahrungsquelle, voll mit Vitalstoffen 12
3. Frauenmantel – die wichtigste Heilpflanze der Frauenheilkunde 16
4. Gänseblümchen – klein und fein, aber doch so wertvoll 20
5. Giersch – mach den Feind in deinem Garten zu deinem Freund! 24
6. Gundermann – klein und unscheinbar, aber mit großer Wirkung 28
7. Johanniskraut – leuchtet wie die Sonne und lässt auch uns strahlen 32
8. Kamille – das »Allround-Heilkraut« 36
9. Knoblauchsrauke – Gewürz- und Heilpflanze in einem 40
10. Kornblume – leuchtende Ackerschönheit 44
11. Kriechender Günsel – bitter im Geschmack, lecker in der Verwendung 48
12. Labkraut – ein Star in der Wildkräuterküche 52
13. Löwenzahn – leuchtend wie die Sonne 56
14. Mädesüß – fein im Duft, groß in der Wirkung 60
15. Schafgarbe – die Augenbraue der Venus 64
16. Spitzwegerich – Wiesenpflaster und Schleimlöser 68
17. Vogelmiere – ganzjährige Powerpflanze 72
18. Waldmeister – der Meister aller Düfte des Waldes 76
19. Wiesenbärenklau – Kraftpflanze der Urvölker 80

Verwechslungsmöglichkeiten - Erläuterung der Farbhinterlegungen

= Richtiges Kraut
= Harmlose, ungiftige Verwechslung
= Vorsicht! Giftige Verwechslung!

Bärlauch

Die Frühlingspflanze mit Bärenkräften

Lateinischer Name: Allium ursinum

Weitere Namen: Bärenlauch, Hexenknofel, Waldherre, Waldknoblauch, Bärenkraut

Erkennungsmerkmale: Wächst in feuchten Laub- und Mischwäldern und wird etwa 20 bis 30 cm hoch. Hat eine längliche Zwiebel, blüht von April bis Mai. Die Blätter sind länglich und wachsen auf einem leicht rundlichen dreikantigen Stiel. Die Blätter haben eine glatte, dunkelgrüne Oberseite. Die Unterseite des Blattes ist deutlich heller. Die Blätter haben in der Mitte einen deutlich erkennbaren Blattnerv.
Die ganze Pflanze ***riecht nach Knoblauch.***

Inhaltsstoffe: Vitamin C, B1, B2, Senfölglycoside, Magnesium, Eisen, Kalzium, Kalium, ätherische Öle

Verwechslungsgefahr: Beim Sammeln von Bärlauch sollte man vorsichtig sein, weil eine Verwechslung mit Maiglöckchen, Herbstzeitlose und Aronstab tödlich sein kann. Zur Sicherheit kann auch noch die »Knickprobe« gemacht werden: Hierzu ein Blatt am unteren Ende des Stieles brechen. Beim Bärlauch muss ein »Knickgeräusch« zu hören sein.

Maiglöckchen ☠

Aronstab ☠

Herbstzeitlose ☠

Heilwirkung

Bärlauch ist appetitanregend, da er stimulierend auf unsere Verdauungssäfte wirkt. Er gilt als blutreinigend, blutdrucksenkend, durchblutungsfördernd und entgiftend (leitet Schwermetalle und andere Umweltgifte aus). Außerdem wirkt er krampflösend, kräftigend und soll cholesterinsenkend sein. Im Frühjahr stärkt er unser Immunsystem.

Historisches

Im Mittelalter wurde dem Bärlauch unheilabwehrende Eigenschaften zugeschrieben. Für den Schweizer Kräuterpfarrer Johann Künzle (1857–1945) war Bärlauch die Pflanze mit den wirksamsten Kräften zur Reinigung von Magen und Darm. So wurde er bei unseren Vorfahren auch als Wurmmittel eingesetzt.

Hildegard von Bingen empfahl das Kraut auch bei Verdauungsstörungen. Auch in vielen alten Kräuterbüchern wird die Heilwirkung des Bärlauchs beschrieben. Dort ist zu lesen, dass er bei Blähungen, Bauchschmerzen, bei Einschlafproblemen und sogar zum Auslösen von Wehen bei Schwangeren verwendet wurde. Eingenommen wurde der Bärlauch entweder pur, gekocht oder als Sud (in Wein gekocht). In Essig eingelegter Bärlauch wurde zudem bei Zahnproblemen empfohlen.
Bärlauch ist ein altes, wichtiges, wohlschmeckendes Heilkraut und vielseitiges Nahrungsmittel, welches in den letzten Jahren wieder an Beliebtheit gewinnt.

In der Ernährung

Bärlauch kann man sowohl roh als auch gekocht ganz wunderbar in der Küche einsetzen, egal ob einfach nur aufs Brot, als Suppe, im Salat, zu Gemüse, in einer Kräuterbutter, im Kräuterquark oder auch verarbeitet zu Pesto.

Durch Kochen verliert Bärlauch seinen strengen Geschmack und wird etwas milder. Zum Haltbarmachen eignen sich Bärlauch-Pesto oder eingelegt in Essig oder Öl.

Auch für vegetarische Brotaufstriche ist der Bärlauch hervorragend geeignet, und er harmonisiert perfekt zu Fischgerichten, Kartoffelgerichten oder als Soße zu Nudeln. Bärlauch sollte immer erst am Ende der Zubereitung zum Gericht gegeben werden , da durch die Hitze Aroma verloren geht.

Übrigens: Anders als Knoblauch verursacht Bärlauch keinen Mundgeruch, er sorgt für Farbtupfer im Essen und ist besser verträglich als Knoblauch.

Rezepte

Bärlauchsalz

500 g grobes Meersalz, 100 g frische Bärlauchblätter

Beide Zutaten im Mixer zerkleinern, auf einem mit Backpapier ausgelegten Blech gut trocknen lassen (wird ziemlich hart), nach dem Trocknen nochmals zerreiben und in Schraubgläser oder Gewürzdosen abfüllen.

Bärlauchpesto

60 g Sonnenblumenkerne, 100 g Bärlauch, ½ TL Salz, 1 Prise Pfeffer, 1 Prise Knoblauchsalz, 75 ml Olivenöl

Sonnenblumenkerne in etwas Olivenöl anrösten und mit den weiteren Zutaten im Mixer kurz pürieren, in Gläser abfüllen und kühl stellen.

Bärlauchblütenöl

Für das Bärlauchblütenöl werden die Bärlauchblüten in ein Schraubglas gegeben und mit einem hochwertigen Öl übergossen. Es müssen alle Blüten gut mit Öl bedeckt sein. Gut verschließen, bei Zimmertemperatur circa 3 Wochen ziehen lassen. Täglich schütteln. Anschließend im Kühlschrank aufbewahren. Auf die gleiche Weise kann auch Bärlauchblütenessig hergestellt werden. Bärlauchblütenöl kann für Salate und Nudelgerichte verwendet werden. Die Blüten eignen sich auch hervorragend als Dekoration.

Bärlauch-Kräutersuppe

40 g Butter, 1 Zwiebel, 1 kleine Karotte, 50 g Mehl, 1 l Gemüsebrühe, 100 g Bärlauch, etwas Giersch, Vogelmiere und Pimpernelle (jeweils eine kleine Handvoll), 100 ml Sahne, Salz, Pfeffer

Die Zwiebel schälen und würfeln, die Karotten schälen und in Stücke schneiden. Die Zwiebel in einer Pfanne mit der Butter anschwitzen, Mehl zugeben, kurz mit anschwitzen. Mit der Brühe aufgießen und Karotten sowie kleingeschnittenen Bärlauch und die kleingeschnittenen Kräuter zugeben; vier Blätter Bärlauch für die Garnitur zurückbehalten. Mit Salz und Pfeffer abschmecken und langsam köcheln lassen, bis die Karotten weich sind. Dann die Suppe mit einem Pürierstab pürieren und zum Schluss die Sahne einrühren. Mit dem restlichen Bärlauch garnieren.

Bärlauch-Zupfbrot

Für den Teig: ***300 g Milch, ½ Würfel Hefe, 1 TL Zucker, 500 g Mehl, 2 TL Salz, 200 g weiche Butter***

Für die Füllung: ***120 g Butter, 1 Zwiebel, 1 Knoblauchzehe, 1 Bund Bärlauch, 1 EL Bärlauchpesto, 100 g geriebener Käse***

Aus den Zutaten für den Teig einen Hefeteig herstellen, zu einer Kugel formen und abgedeckt ca. 30 Minuten gehen lassen.
In der Zwischenzeit die klein gehackte Zwiebel und den klein gehackten Knoblauch in der Butter andünsten. Bärlauch klein schneiden und auch kurz in der Butter mit andünsten. Das Bärlauchpesto zugeben.
Den gegangenen Teig zu einem Rechteck auswellen, mit der Füllung bestreichen und den Käse darauf streuen. Dann den Teig wie eine Ziehharmonika falten und in eine gefettete Kastenform setzten. Bei 180 °C ca. 30 bis 35 Minuten backen.

Bärlauchbaguette

400 g Weizenmehl (Type 405), 1½ TL Salz, 1 TL Zucker, 20 g Hefe, 250 ml lauwarmes Wasser, 1 El Olivenöl, ein Bund Bärlauchblätter

Aus allen Zutaten (außer dem Bärlauch) einen Hefeteig herstellen. Den Teig ca. 30 Minuten abgedeckt gehen lassen. In der Zwischenzeit die Bärlauchblätter klein schneiden. Nach der halben Stunde den Teig nochmals verkneten, dabei den Bärlauch mit unterkneten. Den Teig abgedeckt nochmals ca. 1 Stunde gehen lassen.
Danach den Teig in zwei Hälften teilen und jedes Stück zu einem Baguette formen. Auf ein mit Backpapier ausgelegtes Blech legen, leicht mit Mehl bestäuben und nochmals ca. 15 Minuten ruhen lassen.
Bei 210 °C Umluft ca. 20 Minuten backen.

Bärlauchkäsespätzle

500 g Mehl, 5 Eier, 1 TL Salz, 200 ml Wasser, 150 g Bärlauch, 200 g geriebener Käse, 2 Zwiebeln

Mehl, Eier, Salz und Wasser in der Küchenmaschine mit dem Knethaken so lange rühren, bis der Teig Blasen schlägt. Den Bärlauch fein pürieren, zum Teig geben, den Teig nochmals kräftig durchkneten.
Einen Topf mit Salzwasser aufkochen lassen. Den Bärlauch-Spätzlesteig in eine Spatzenpresse geben und in das kochende Wasser drücken. Spätzle solange kochen, bis diese nach oben kommen und an der Oberfläche schwimmen. Die Spätzle am besten mit einem Schaumlöffel herausnehmen.
Die Zwiebeln in Ringe schneiden und in etwas Öl braun rösten. Die Spätzle mit dem geriebenen Käse vermischen und mit gerösteten Zwiebeln bestreuen.

Brennnessel

Große Heilerin, üppige Nahrungsquelle, voll mit Vitalstoffen

Lateinischer Name: Urtica dioica

Weitere Namen: Haarnessel, Hanfnessel, Scharfnessel, Tausendnessel, Saunessel, Donnernessel, Teufelskraut, Eiternessel, Gichtrute

Erkennungsmerkmale: Die Brennnessel ist eine sehr verbreitete Pflanze und wird leider meist als Unkraut angesehen. Mit ihren Brennhaaren ist sie leicht zu erkennen – wohl mit ein Grund, warum sie nicht sehr beliebt ist. Sie wächst selten allein und tritt meist großflächig auf. Die Blätter sind außen gezackt.
Die Blüte ist eher unscheinbar, grünlich und hängt an 2 bis 5 cm langen Rispen. Es gibt männliche und weibliche Pflanzen, die Blütenrispen der männlichen Pflanzen sind kürzer und nicht so üppig voll wie die der weiblichen. Die männlichen Pflanzen tragen die Pollenkapseln und bestäuben die weiblichen Pflanzen, an welchen dann die Brennnesselsamen heranreifen.

Inhaltsstoffe: Vitamin C, Vitamin A, Kalium, Kieselsäure, Magnesium, Gerbstoffe, Vitamin E

Heilwirkung

Die Brennnessel ist der »Universal-Entgifter« schlechthin. Das »Gartenunkraut« enthält mehr Vitamin C als Zitrusfrüchte (sieben Mal mehr als Orangen) und ist zudem reich an Mineralien wie Eisen, Kalium und Magnesium und sekundären Pflanzenstoffen wie den Flavonoiden. Die Flavonoide sorgen zusammen mit dem Kalium für die entwässernde Wirkung.

Die Brennnessel zählt zu den ältesten Heilkräutern, die wir kennen. Wissenschaftlich erwiesen ist, dass sie Arthrose, Arthritis, Prostatabeschwerden und Blasenprobleme lindert sowie entzündliche Darmerkrankungen positiv beeinflussen kann. Sie wird auch zur Entgiftung und Entschlackung im Rahmen von Frühjahrskuren und Diäten sowie bei Müdigkeit und Erschöpfungszuständen empfohlen. Auch soll die Brennnessel die Leber und die Galle positiv beeinflussen.

Brennnesselsamen gelten als Lebenselixier. Sie sollen derart reich an kräftigenden und belebenden Inhaltsstoffen sein, dass sie durch exotische Superfoods kaum noch zu toppen sind. Dabei ist es vor allem der hohe Anteil an ungesättigten Fettsäuren, Vitaminen und Mineralstoffen, der sie auszeichnet. Brennnesselsamen enthalten eine Vielzahl an anregenden, stärkenden und regenerierenden Wirkstoffen, sogenannte Biostimulantien. So können sie laut der Volksmedizin in Phasen von Müdigkeit und (Leistungs-)Schwäche zum Einsatz kommen; sie sollen die Regeneration nach Krankheiten unterstützen und sich ausgleichend bei Stress, Abgespanntheit und Unruhe auswirken.

Historisches

Brennnessel ist wohl eine der ältesten Gemüse- und Heilpflanzen. Schon Hippokrates hat sie zur Leib- und Blutreinigung empfohlen.

Im Mittelalter empfahl man die Brennnessel äußerlich und innerlich zur Steigerung der Liebesfähigkeit. Überlieferungen zufolge soll die stärkende Wirkung von Brennnesselsamen in der Lage sein, die Potenz zu stärken, was im Mittelalter zu einem Verzehrverbot für Mönche führte. Das Keuschheitsgelübde war in Gefahr! Brennnesseln wurden deshalb in den Klostergärten gnadenlos ausgerupft und vernichtet.

Früher wurden Butter, Fisch und Fleisch in Brennnesselblätter gewickelt, um sie länger frisch zu halten. Tatsächlich verhindern die Wirkstoffe der Brennnessel die Vermehrung bestimmter Bakterien.

Schon in der Antike empfahl Plinius junge Brennnesselpflanzen als Gemüse. Sie wurden auch damals schon bei Leiden wie Lungenentzündungen und Geschwüren eingesetzt. Im Mittelalter wurde die Brennnessel zur Linderung von Asthma benutzt und den Samen eine fruchtbarkeitsfördernde Wirkung nachgesagt.

In Kriegszeiten trug sie immens zum Überleben der Bevölkerung bei. Leider erhielten Brennnesselspeisen aus diesem Grunde die undankbare Bezeichnung »Arme-Leute-Essen«.

Weibliche Samen

In der Ernährung

Die zarten Triebspitzen können zu Spinat, Suppen, Pfannkuchen, Omelette, Wildgemüse, Wildkräuterkuchen und vielem mehr verarbeit werden – der Fantasie sind keine Grenzen gesetzt.

Die Samen werden als Brotbelag, zu Müsli, in Salatsoßen, zu Gemüsegerichten usw. verwendet.

Rezepte

Tee

Zur inneren Anwendung kann man einen Brennnesseltee aus den frischen oder getrockneten Blättern kochen. Einen Liter kochendes Wasser auf eine Handvoll Brennnesselblätter geben. Bei frischen Blättern 5 Minuten und bei getrockneten Blättern 10 Minuten ziehen lassen.

Brennnesselsuppe

200g Brennnesselblätter, 1 Zwiebel, 2 Karotten, 1 Kartoffel, ¾ l Gemüsebrühe, Salz, Pfeffer, etwas Sahne, etwas Öl

Brennnesseln waschen, klein schneiden, Gemüse klein schneiden und in Öl andünsten, mit der Brühe ablöschen und köcheln lassen. Dann die kleingeschnittenen Brennnesseln zugeben, aufkochen lassen und mit dem Pürierstab mixen. Mit den Gewürzen und der Sahne abschmecken.

Brennnessel-Giersch-Soße

8 Handvoll junge Brennnesselblätter, 8 Handvoll Giersch, 2 Zwiebeln gehackt, 1 Becher Sahne, 1 Prise Muskat, Salz, Pfeffer, etwas Butter

Brennnesselblätter und Giersch in einem Topf mit Wasser ca. 2 Minuten blanchieren, danach in ein Sieb geben und gut abtropfen lassen. Alles grob zerrupfen, in einem Topf die Butter auslassen und darin die Zwiebeln glasig dünsten. Brennnessel und Giersch in den Topf geben und mit der Sahne auffüllen. Kurz aufkochen lassen und mit Salz und Pfeffer würzen. Dazu Kartoffeln, hartgekochte Eier oder Spiegeleier servieren.

Brennnesselbratlinge

500 g gekochte Kartoffeln, 3 Handvoll Brennnesselblätter, 1 EL Sesam, 100 g Karotte, 1 Frühlingszwiebel, 2 Eier, 1 kleine Zwiebel, 1 Knoblauchzehe, 100 g Semmelbrösel, Salz, Pfeffer, Muskat

Brennnesseln in eine Tüte geben und mit dem Wellholz einige Male darüber wellen, um die Brennhaare zu brechen. Brennnessel klein schneiden, Zwiebeln, Knoblauch, Frühlingszwiebeln und die Karotte in kleine Würfel schneiden und alles in etwas Öl andünsten. Die Kartoffeln durch eine Presse drücken, Ei, Sesam und Semmelbrösel zugeben, vermischen. Nun die angedünstete Brennnesselmischung zu der Kartoffelmasse geben und vermischen. 10 Minuten stehen lassen, die Bratlinge formen und in etwas Öl in einer Pfanne bei mittlerer Hitze anbraten. Nach etwa drei bis fünf Minuten die Bratlinge wenden. Die Masse ergibt circa. 8 Bratlinge. Sie sind sehr lecker zu einem grünen Salat und einem Kräuterquark.

Brennnesselbrot (oder Brötchen)

500 g Roggenvollkornmehl, 100 g Weizenmehl (1050), 3 EL getrocknete oder frische kleingeschnittene Brennnesselblätter, 3 EL Leinsamen, 1 EL Salz, 1 Pck. Sauerteig, 1 Pck. Trockenhefe oder 1 Würfel frische Hefe, 1 TL Honig, 1 TL Brotgewürz, 1 Becher Joghurt, 300 ml lauwarmes Wasser

Alle Zutaten in eine große Rührschüssel geben und in der Küchenmaschine mit dem Knethaken gut miteinander verkneten. Den Teig zu einer Kugel formen und abgedeckt an einem warmen Platz bis zur doppelten Größe aufgehen lassen. Den Teig nochmals kurz durchkneten und einen großen oder zwei kleine Laibe daraus formen. Auf ein mit Backpapier belegtes Blech legen, die Oberfläche mit lauwarmem Wasser bestreichen und mit einem scharfen Messer einschneiden.
Im vorgeheizten Backofen, in den man auch eine feuerfeste Schale mit Wasser stellen sollte, 10 Minuten bei 220 °C und dann 45 min. bei 180 °C backen. Sollte das Brot vor Backende zu dunkel werden, einfach mit einem Stück Alufolie abdecken.

Brennnesselschnecken

Quark-Ölteig: ***150 g Quark, 5 EL Milch, 6 EL Öl, 1 TL Salz, 300 g Mehl, 1 Pck. Backpulver***

Füllung: ***2 bis 3 Handvoll Brennnesselblätter, 1 Ei, 200 g Schmand, 100 g geriebener Käse, Salz, Pfeffer***

Alle Zutaten für den Teig in eine Rührschüssel geben, mit dem Knethaken ca. 5 Minuten kneten. Danach eine Kugel formen. Kurz ruhen lassen. In der Zwischenzeit die Füllung zubereiten.
Brennnesselblätter in eine Gefriertüte geben, mit dem Wellholz ein paar Mal darüber wellen, um die Brennhaare außer Gefecht zu setzen. Brennnesseln nun klein schneiden, mit Schmand, Ei und geriebenem Käse verrühren und die Masse mit Salz und Pfeffer abschmecken. Den Teig nun zu einer rechteckigen Platte auswellen und mit der Füllung bestreichen, dann die Teigplatte von der kurzen Seite her aufrollen und in Scheiben schneiden.
Die Schnecken auf ein gefettetes oder mit Backpapier ausgelegtes Backblech legen und im vorgeheizten Backofen bei 180 °C ca. 25 Minuten backen.

Brennnesselquiche

Zutaten Teig: ***250 g Mehl (am besten Dinkelmehl), 125 g Butter, 1 Ei, Salz***

Zutaten Füllung: ***450 g Brennnesseln (oder halb Brennnessel, halb Giersch), 400 g Quark, 1 Zwiebel, 1 Knoblauchzehe, 2 Karotten, etwas Butter, 3 Eier, 100 g geriebener Käse, Salz, Pfeffer, Muskat***

Für den Teig Mehl, Butter, Salz und Ei in eine Schüssel geben und durchkneten, dann ca. ½ Stunde in den Kühlschrank stellen.

Für die Füllung Quark, Eier und geriebenen Käse mischen. Die Brennnesseln gut waschen und klein schneiden, die Karotten in kleine Würfel schneiden, Zwiebel und Knoblauch fein hacken und in Butter etwas anschwitzen, die kleingehackten Brennnesseln und Karotten dazugeben, kurz mitdünsten. Dann alles in die Ei-Quark-Masse geben, verrühren, mit Salz und Pfeffer abschmecken.

Eine Springform einfetten, den Teig auswellen, in die Form geben und die Füllung auf dem Teig verteilen. Bei 180 °C ca. 45 Minuten backen.

Frauenmantel

Die wichtigste Heilpflanze der Frauenheilkunde

Lateinischer Name: Alchemilla vulgaris

Weitere Namen: Alchemistenkraut, Frauenhilf, Gänsefuß, Gänsegrün, Herrgottsmäntelchen, Löwenfuß, Marienmantel, Muttergottesmantel, Mutterkraut, Taublatt, Taufänger, Taumantel, Tauschüsselchen, Wasserträger, Weiberkittel

Erkennungsmerkmale: Frauenmantel wird bis zu 30 cm hoch. Seine Höhe richtet sich nach seinem Standort. Die Blätter sind oben kahl und auf der Unterseite leicht behaart; auch die Blatt- und Blütenstiele sind leicht behaart. Die Blätter selbst erinnern an einen gefalteten Mantel oder Umhang, da sie am Stiel zusammenlaufen und am äußeren Rand gezahnt sind. An den Blatträndern befinden sich winzige Drüsen, an denen die Pflanze am Morgen überschüssiges Wasser ausscheidet. Dieses sitzt entweder als Tropfen am Blattrand oder sammelt sich in der Mitte des trichterförmigen Blattes. Die Blüten sind grünlich bis zart gelb, wobei die einzelnen Blüten nur wenige Millimeter groß sind.

Die Bezeichnung Frauenmantel kann sich sowohl auf die Gestalt des Blattes beziehen, die einem Frauenmantel gleicht, als auch auf die Verwendung als Frauenkraut, das der Frau, wie ein Mantel, Schutz verleiht.

Inhaltsstoffe: Ätherische Öle, Bitterstoffe, Gerbstoffe, Harze, organische Säuren, Saponine, Flavonoide, Kieselsäure

Heilwirkung

Verwendet wird das Heilkraut bei Magen-Darm-Beschwerden, Menstruationsstörungen, zur Blutreinigung und Wundheilung.
In der Frauenheilkunde ist der Frauenmantel ein echter Allrounder. Er wird als Tee getrunken, für Vaginalspülungen genutzt und in Sitzbädern verwendet. Frauenmantel wirkt ausgleichend und regulierend auf den gesamten weiblichen Organismus, was vielleicht daher kommt, dass er Inhaltsstoffe besitzt, welche dem weiblichen Sexualhormon Progesteron ähneln.
Aber nicht nur für Frauen ist diese Pflanze ein gutes Liebeskraut, welches die Unterleibsorgane stärkt. Auf Männer wirkt der Frauenmantel potenzsteigernd und kann einfach als Tee getrunken werden.

Historisches

Der Frauenmantel ist wahrlich eine »Zauberpflanze«, denn wer früh am Morgen die Blätter betrachtet, kann in der Mitte des Blattes eine Zauberperle entdecken. Es handelt sich allerdings nicht um Tautropfen, sondern um Wasserperlen, welche die Pflanze »ausschwitzt«. Es ist das geheimnisvolle Himmelswasser, wie es die Alchemisten nannten. Die Alchemisten sammelten diese Tropfen, da sie um deren besondere Kräfte wussten. Einer Sage nach kann man mit dem Himmelswasser zum Stein der Weisen gelangen oder aber mit seiner Hilfe Blei zu Gold machen.
Traditionell wurde Frauenmantel innerlich bei Magen- und Darmstörungen, Durchfällen, Blähungen, Kopfschmerzen, Angina, Arteriosklerose, Augenbindehautentzündung, Juckreiz, akuten Entzündungen, in der Schwangerschaft (zur Stärkung des Uterus) und nach der Entbindung verabreicht.
Vier Wochen vor der Entbindung dreimal täglich eine Tasse Frauenmanteltee getrunken, soll zu einer guten und leichten Geburt verhelfen. Äußerlich dient die Pflanze in der Volksheilkunde als Wundmittel und Mundwasser. In der Homöopathie nutzt man Frauenmantel bei Krämpfen im Unterleib. Das Kraut war auch Hildegard von Bingen wohlbekannt, die es ebenfalls vorzugsweise bei typischen Frauenleiden einsetzte.
Die entzündungshemmende Wirkung wird im Übrigen auf die hohen Anteile von Gerbstoffen in der Pflanze zurückgeführt. In manchen Gegenden bindet man für Fronleichnam Kränze von Frauenmantel, um damit das Haupt des Erlösers im Herrgottswinkel zu schmücken.

In der Ernährung

Frauenmantel hat einen leicht bitteren, säuerlichen, aber dennoch angenehmen Geschmack. In der Küche wird das Kraut dennoch nur sehr selten verwendet. Ab und an finden sich Frauenmantelblätter in der Zutatenliste von Wildkräutersalaten oder Wildkräutersuppen. Für Suppen und Salate sollten stets nur die frischen Blätter verwendet werden. Die Blätter können auch in Rouladen eingearbeitet oder wie Weinblätter mit Reis gefüllt gedünstet werden. Trockene Blätter haben ein sehr strenges Aroma. Am besten eignen sich für den Verzehr die jungen Blätter in den Frühjahrsmonaten.
Das Kraut wird außerdem manchmal für Erfrischungsgetränke genutzt. Obstsäfte wie Apfel-, Birnen- oder Kirschsaft können mit kaltem Frauenmantelwasser vermischt werden. Dabei wird Frauenmantelkraut zunächst gekocht und anschließend gekühlt.

Rezepte

Frauenmanteltee

Einen EL frisches, oder getrocknetes kleingeschnittenes Frauenmantelkraut mit 250 ml kochendem Wasser übergießen und ca. 8 – 10 Minuten ziehen lassen. Man kann gut drei-bis viermal täglich eine Tasse trinken. Der Tee kann auch zum Gurgeln bei Zahnfleischproblemen und Halsschmerzen angewendet werden.

Frauenmanteltinktur (bei Wechseljahrbeschwerden)

40 g frische, gesäuberte Wurzel, 10 g frische Blätter und eventuell Blüten, Alkohol mind. 40 % Vol.

Wurzeln und Blätter fein schneiden, in ein Schraubglas geben und mit dem Alkohol auffüllen, bis alle Pflanzenteile bedeckt sind. Mindestens 4 Wochen kühl und dunkel aufbewahren, zwischendurch immer wieder mal schütteln. Nach den 4 Wochen abgießen und in einer dunklen Flasche aufbewahren.

Frauenmantel-Öl (Kaltauszug)

1 Handvoll Blätter, auch mit Blüten (frische oder getrocknete), Öl (Rapsöl, Sonnenblumenöl oder Olivenöl)

Die Blätter und Blüten, wenn sie frisch sind, leicht antrocknen lassen, damit die Feuchtigkeit nicht zu Schimmelbildung führt. Dann die Pflanzenteile in ein großes Schraubglas geben und mit Öl übergießen. 14 bis 20 Tage ziehen lassen, dabei täglich schütteln. Dann alles gut abseihen und in Flaschen füllen.
Das Öl kann sowohl in der Küche verwendet werden, als auch zur Salbenherstellung.

Gesichtsmaske aus Frauenmantel

10 Frauenmantelblätter, 50 g Joghurt, 10 g Honig

Die Blätter zerkleinern, entweder im Mörser oder mit einem Messer. Alles gut mit dem Joghurt und dem Honig vermischen, auf das Gesicht auftragen und ca. 20 Minuten ziehen lassen. Vorsichtig abwaschen.
Frauenmantel hilft der Haut sich zu straffen und soll sogar Sommersprossen ausbleichen.

Frauenmantel-Smoothies

3 EL Brennnesselsamen, 4 getrocknete Feigen, 340 ml Wasser (insgesamt), 200 g Erdbeeren (frisch oder tiefgefroren), 100 g Preiselbeeren (frisch oder tiefgefroren), 15 Frauenmantelblätter

Die Brennnesselsamen in 240 ml Wasser 12 Std. einweichen, am besten über Nacht. Die Feigen in 100 ml Wasser 2 Std. einweichen. Die Erdbeeren, Preiselbeeren und die Frauenmantelblätter waschen und abtropfen lassen. Blätter, Preiselbeeren und Erdbeeren in den Mixer geben. Die Brennnesselsamen und die Feigen jeweils mitsamt dem Einweichwasser in den Mixer geben, das Wasser hinzufügen. Den Mixer auf kleinster Stufe starten, dann alles auf höchster Stufe pürieren, bis ein cremiger Smoothie entstanden ist. Eventuell noch etwas Wasser zugeben. Den Smoothie in Gläser füllen.

Grillmarinade für Fleisch

20 Blatt Frauenmantel, 2 EL Schnittlauchblüten, 1 EL Thymian, 1 Prise Pfeffer, 5 EL Rapsöl, 3 TL Senf, 2 TL Salz

Alle Gewürze mischen, 1 Stunde ziehen lassen, und das Fleisch damit marinieren.

Finnische Pulla mit Frauenmantel

Hefeteig: ***500 g Mehl, 100 g Zucker, 50 g Butter, ½ Würfel Hefe (20 g), 1 Prise Salz, 200 ml lauwarme Milch***

Füllung: ***2 Handvoll Frauenmantelblätter, 100 g gemahlene Haselnüsse, 50 g Zucker, 1 EL Zitronensaft, 1 EL Milch, 1 Ei, 1 Ei zum Bestreichen***

Für den Hefeteig alle Zutaten verkneten, anschließend mindestens ½ Stunde gehen lassen. Die Frauenmantelblätter klein hacken, mit den anderen Zutaten der Füllung vermischen.

Den Teig zu einer rechteckigen Platte auswellen, mit der Füllung bestreichen und der Länge nach aufwickeln. Die Rolle in ca. 5 cm lange Stücke schneiden. Diese auf ein Backblech setzen und mit einem Kochlöffel in der Mitte eine Vertiefung drücken. Nochmals ca. 10 Minuten gehen lassen, mit einem verquirlten Ei bestreichen und bei 180 °C etwa 15 Minuten backen.

Gänseblümchen

Klein und fein, aber doch so wertvoll

Lateinischer Name: Bellis perennis

»Bellis« kommt von bellus (hübsch, niedlich), »perennis« heißt ausdauernd und deutet auf die lange Zeit der Blüte hin – von März bis November.

Weitere Namen: Maßliebchen, Tausendschön, Monatsröserl, Angerblümchen, Augenblümchen, Gänseblume, Marienblümchen

Erkennungsmerkmale: Da es auf fast jeder Wiesenfläche wächst, zählt es zu den bekanntesten Pflanzenarten Mitteleuropas. Das Gänseblümchen ist meist erst zu erkennen, wenn die Blüten erscheinen. Man kann es aber auch an den Blättern erkennen: Sie sind eiförmig bis rundlich, oben leicht abgerundet und leicht behaart. Sie haben einen Stiel und bilden in der Mitte eine Rosette. Der Stiel des Blütenkörbchens ist ohne Blätter, fein behaart und hat oben einen Blütenkorb mit dem typischen gelben Punkt in der Mitte,. Hier befinden sich die eigentlichen Blüten.

Das Gänseblümchen kommt ursprünglich aus dem mediterranen Raum und hat sich von dort bis nach Nordeuropa ausgebreitet. Eine Besonderheit ist, dass es heliotrop ist. Darunter versteht man, dass die Pflanze immer der Sonne zugewendet ist. Das Gänseblümchen öffnet seine Blüte nur bei schönem Wetter und dreht sich mit der Sonne. Bei Regen und zur Nacht schließt es die Blüte. Im Unterschied zu vielen anderen, aromatisch duftenden Kräutern ist das Gänseblümchen geruchslos, schmeckt aber lecker nach Nüssen.

Inhaltsstoffe: Ätherische Öle, Bitterstoffe, Gerbstoffe, Harze, organische Säuren, Saponine, Flavonoide, Kieselsäure

Heilwirkung

Äußerlich wird es bei Akne, Lippenherpes, blauen Flecken und zur Wundheilung angewendet. Dazu wird ein Sud aus den Blüten und Blättern gekocht und mithilfe von Umschlägen auf die Haut aufgebracht, ebenso eignet sich der Sud als Badezusatz. Frische Blätter, Stiele und Blüten können zerrieben oder gequetscht gegen Schwellung und Juckreiz bei Insektenstichen helfen. Ein Tee aus den Blättern des Gänseblümchens soll den Appetit und Stoffwechsel anregen, die Verdauung fördern und durch seine krampfstillenden Fähigkeiten auch Husten lindern.

Gänseblümchen sollen äußerlich eingesetzt auch gegen Gliederschmerzen helfen, unabhängig davon, ob sie rheumatischer Natur sind oder durch äußerliche stumpfe Verletzungen verursacht wurden. Hier wird am besten Gänseblümchensalbe oder auch Gänseblümchenöl oder -tinktur verwendet.

Gänseblümchen wird innerlich, als Tee oder Tinktur, gegen Erkältungen eingesetzt. Außerdem sollen Gänseblümchen gegen Frühjahrsmüdigkeit helfen; überhaupt werden sie traditionell gegen viele Erkrankungen eingesetzt, die im Frühling auftreten.
Auch Beschwerden im Magen-Darmbereich sollen durch Gänseblümchen-Tee gelindert werden. In der Homöopathie wird Gänseblümchen vor allem bei Verletzungskrankheiten der Bewegungsorgane angewendet. Hierzu gehören vor allem Verstauchungen und Quetschungen.
Aufgrund der im Gänseblümchen enthaltenen Gerbstoffe gilt das Wildkraut als Appetitanreger. Die Gerbstoffe regen die Produktion von Verdauungssäften in Magen, Galle und Leber an.

Historisches

Das Gänseblümchen ist bestimmt allen bekannt. Besonders Kinder lieben es. Wer hat nicht als Kind Gänseblümchenkränze geflochten, die Gänseblümchen ins Haar gesteckt oder auch Abzählverse aufgesagt, indem man die Blütenblätter abgezupft hat. »Er (oder sie) liebt mich, er liebt mich nicht, er liebt mich ...«
Früher sagte man ihm magische Kräfte zu. Bei den Kelten war es bekannt als Hüterin des Volkes. Die Menschen trugen Gänseblümchenkränze aus den Wurzeln um ihren Hals. Dies sollte Glück und Verstand bescheren. Kein Wunder also, dass auch heute noch Kinder mit wahrer Begeisterung daraus oft kleine Kränze flechten.
Schon der Kräuterpfarrer Künzel verabreichte Kindern, die kränklich waren, einen Tee aus Gänseblümchen. Man glaubte früher, wer im Frühjahr die drei ersten Gänseblümchen isst, der werde das ganze Jahr von Fieber, Zahnschmerzen und Augenleiden verschont.

In der Ernährung

Gänseblümchen schmecken je nach Erntezeit unterschiedlich. So sind die bereits früh im Jahr geernteten Gänseblümchen vom Geschmack her eher zart und haben einen leicht nussigen Geschmack. Später im Jahr werden die Blümchen immer schärfer; auch der bittere Beigeschmack wird immer stärker. Der herbe und nussige Geschmack ist dann vorherrschend.
Für Salate werden junge Blüten vom Gänseblümchen verwendet, da diese am besten schmecken. Die Knospen werden übrigens auch gerne als Kapernersatz verwendet.

Rezepte

Gänseblümchen-Tee

Zur Vorbeugung von Erkältungskrankheiten, bei Husten und Fieber.
Einen Esslöffel frische oder 1½ Esslöffel getrocknete Blüten und Blätter pro Tasse mit kochendem Wasser überbrühen, 5 bis 10 Minuten ziehen lassen. Wer den bitteren Geschmack nicht mag, kann etwas Honig hinzufügen.

Gänseblümchensalat

Chicorée, Feldsalat, Tomaten, 1 kleine Zwiebel, Zitronensaft, Olivenöl, Salatgewürze, Gänseblümchen

Die Blattrosetten und Blüten vom Gänseblümchen verwenden. Den Chicorée und den Feldsalat waschen, die Zwiebel fein würfeln, mit Zitronensaft, Olivenöl und den Gewürzen mischen, über den Salat geben und anmachen. Wer mag, kann noch ein paar geschnittene Sauerampferblätter hinzugeben. Zum Schluss die Gänseblümchen über den Salat streuen.

Pikantes Gänseblümchengemüse

100 g Gänseblümchenblüten und Blätter, einige Gierschblätter, 2 Karotten, 1 Kohlrabi, 1 Zwiebel gehackt, 2–3 EL Speckwürfel, 1 Tasse Fleischbrühe, Weißwein, Muskatnuss, Zitrone, Zucker, Salz

Zwiebel kleinschneiden und mit dem Speck andünsten, Giersch klein schneiden, Karotten und Kohlrabi in Würfel schneiden, zu dem Speck geben und kurz mitdünsten. Gänseblümchen grob geschnitten hinzufügen, mit Brühe aufgießen, mit Weißwein, Muskatnuss, Zitrone, Zucker und Salz abschmecken und circa 10 Minuten köcheln lassen.

Gänseblümchen-Brotaufstrich

100 g Frischkäse, 50 g Schmand, etwas frisch gepressten Knoblauch, Salz, Pfeffer, eine Handvoll Gänseblümchen, etwas Schnittlauch, Schnittlauchblüten, ein paar Blätter Spitzwegerich, 1 TL Limettensaft

Gänseblümchen, Schnittlauch, Schnittlauchblüten und Spitzwegerich grob zerkleinern, ein paar Blüten zur Dekoration übriglassen. Alle Zutaten vermischen, zum Schluss die Gänseblümchen zugeben, kurz untermischen, ca. 2 Stunden durchziehen lassen.

Gänseblümchensalbe

1 Handvoll Gänseblümchenblüten, 200 ml Mandelöl, 20 g Bienenwachs, 1 TL Sheabutter

Die Gänseblümchenblüten werden in ein Schraubglas gefüllt und mit Öl übergossen. Nun 24 Stunden ziehen lassen. Am nächsten Tag auf 60 °C erwärmen und ca. eine Stunde ziehen lassen. Danach die Blüten absieben, das Bienenwachs und die Sheabutter zugeben, nochmals erwärmen, bis das Bienenwachs geschmolzen ist. In Salbendosen abfüllen und abkühlen lassen. Erst dann mit dem Deckel verschließen. Die Salbe eignet sich gut bei trockener und unreiner Haut.

Gänseblümchen-Gelee

3 bis 5 Handvoll Gänseblümchenblüten, 1 l Apfelsaft, 1 EL Zitronensaft, 500 g Gelierzucker 2:1, abgeriebene Zitronen- oder Orangenschale

Gänseblümchen im Apfelsaft aufkochen und abkühlen lassen. Über Nacht abgedeckt ziehen lassen. Am nächsten Tag Flüssigkeit durch ein Sieb gießen und auffangen. 750 ml Flüssigkeit abmessen. Zitronensaft und etwas abgeriebene Zitronen- oder Orangenschale von unbehandelten Früchten hinzugeben. Mit dem Gelierzucker nach Packungsanleitung zu Gelee kochen und heiß in ausgekochte Schraubgläser füllen.

Süßer Blütenquark

250 g Quark mager, 2 EL Honig, 6 EL Milch, 2 Handvoll Gänseblümchenblüten, Gänseblümchengelee

Für mehr Farbe ruhig auch Blüten von Taubnessel, Veilchen oder die gelben Blütenblätter vom Löwenzahn hinzugeben, Quark, Milch und Honig verrühren. Die Hälfte der Blüten zerkleinern, unterrühren und in Gläser füllen.
1 Esslöffel Gänseblümchengelee auf den Quark geben und vor dem Servieren mit einigen Blüten dekorieren. Statt der Milch kann man auch ¼ Liter Sahne steif schlagen und unter den Quark heben.

Giersch

Mach den Feind in deinem Garten zu deinem Freund!

Lateinischer Name: Aegopodium podagraria

Weitere Namen: Dreiblatt, Geißfuß, Ziegenkraut, Schettele, Zaungiersch, Baumtropf

Weil die Blätter dem Hollerbusch (Holunder) ähneln, wird er auch Wiesenholler genannt. Der unverwüstliche Giersch hat schon so manchen Gärtner zur Verzweiflung gebracht. Doch seien wir dankbar, dass sich so hilfreiche Kräuter nicht so leicht vertreiben lassen, sonst wären sie womöglich schon ausgerottet. Lassen wir uns von ihnen lieber etwas von ihrer Lebenskraft schenken, indem wir sie als Nahrungsmittel und Heilkraut verwenden.

Erkennungsmerkmale: Giersch gehört zu den Pflanzen, welche den Frühling ankündigen. Wenn die grünen »Gierschteppiche« erscheinen, ist auch der Frühling nicht mehr weit. Er ist in fast ganz Europa verbreitet.

Der Stiel wird bis zu 20 cm lang und ist dreikantig. Die Blattspreite gliedert sich dreifach in Blättchen auf, die ein Kreuz miteinander bilden. Die drei Seitenblätter sind wiederum dreigeteilt, wobei eines meist nur andeutungsweise abgeteilt ist. Die Blätter sind unten leicht behaart. Die Oberseite ist glatt. Der Rand ist leicht zackig und am Ende spitz zulaufend.

Der Giersch blüht ab Ende Mai und dann oft den ganzen Sommer über. Wenn man den Giersch zwischen den Fingern verreibt, riecht er nach einer Mischung aus Möhre und Petersilie.

Inhaltsstoffe: Vitamin C, Provitamin A, Eiweiß, Mineralstoffe, ätherische Öle, Saponine

Heilwirkung

Diese sehr vitale Pflanze hat unter anderem eine stark harntreibende Wirkung. Sie wirkt basisch, entsäuert den Körper und regt den Stoffwechsel an. Durch seinen hohen Kaliumgehalt hat Giersch eine fördernde Wirkung auf viele Stoffwechselprozesse. Gicht ist wohl das Hauptheilungsgebiet des Gierschs, so ist die Gicht sogar im lateinischen Namen erwähnt, »podagraria« bedeutet Gicht.

Bei Insektenstichen und Verbrennungen oder auch bei Sonnenbrand können frisch zerriebene Gierschblätter auf die betroffenen Hautstellen aufgelegt werden. Sie enthalten 15 mal so viel Vitamin C wie Kopfsalat! Das allein ist ein guter Grund, öfter mal Giersch zu ernten und in der Küche zu verwenden. Außerdem sind in den Blättern große Mengen Vitamin A und viele Mineralstoffe gespeichert – darunter Eisen, Magnesium und Calcium. Giersch beinhaltet wesentlich mehr Mineralstoffe als zum Beispiel Grünkohl. Man darf ihn also getrost zu den regionalen Superfoods zählen!

Historisches

Kräuterpfarrer Künzle nannte Giersch eine »herrliche Medizin«. Er nutzte ihn als Mittel gegen Krampfadern, Husten, Wurmbefall, Zahnschmerzen, Gicht, Rheuma und Verstopfung.
Schon im Mittelalter wurde Giersch bei Herzgefäßbeschwerden, Gicht, Rheuma und Ischiasschmerzen angewendet. »Zipperleinskraut« ist ein Volksname des Gierschs. Und Pfarrer Kneipp sagte: »Esst Giersch statt Brot!«

In der Ernährung

Giersch kann als Gemüse oder Salat zubereitet werden und ist auch lecker im Smoothie. Als Salat eignen sich vor allem die ganz jungen Blätter, die sich gerade entfaltet haben. Die Blätter können auch in Aufstriche wie Kräuterquark und zu Suppen gegeben werden. Nach der Blüte wird der Geschmack kräftiger und es kann eine leicht abführende Wirkung auftreten. Auch die Giersch-Blüten sind essbar. Sie sind süßer als der Rest der Pflanze und können Salate oder Suppen verschönern. Außerdem aromatisieren sie Essig, Öl oder Kräuterlimonade. Besonders saftig sind die Stiele und Knospen junger Pflanzen. Ältere Blätter eignen sich gut zum Trocknen für Tee.

Rezepte

Grüne Limonade

1 l Apfelsaft, 10 Gierschblätter, 5 Stängelchen Pfefferminze, 1 Zweig Gundermann, Saft einer Zitrone

Die Kräuter waschen, in den Apfelsaft geben und entweder mit einem Löffel zerdrücken oder kurz im Mixer pürieren. Mindestens 2 bis 3 Stunden kühl gestellt ziehen lassen. Den Saft abgießen und mit Mineralwasser mischen – ist im Sommer mit Eiswürfeln ein herrlich erfrischendes Getränk! (Als Deko passen Limettenscheiben.)

Grünes Kartoffelpüree

2 Handvoll Giersch, 2 Handvoll Brennnessel, 1 kg Kartoffeln, 150 ml Sahne, 100 ml Milch, 100 g Zwiebeln, 1 Knoblauchzehe, 1 TL Salz, 1 Tasse Wasser, Muskatnuss

Die Kartoffeln kochen, schälen und noch warm durch eine Presse drücken. Sahne, Milch und Salz zu den Kartoffeln geben und verrühren.

Während der Garzeit der Kartoffeln das Wildgemüse waschen und zusammen mit den klein geschnittenen Zwiebeln und den Knoblauchzehen in Wasser aufkochen; das Gemüse pürieren und unter den Kartoffelbrei rühren, bis dieser grün ist. Mit Muskatnuss würzen.

Giersch-Brezenknödel

500 g Brezeln (altgebacken), alternativ können auch Weckwürfel verwendet werden, 3 Eier, 500 ml Milch, 150 g Giersch, 1 Zwiebel, Kräutersalz, Pfeffer

Brezeln klein würfeln, lauwarme Milch mit Eiern und Gewürzen verquirlen und über die Brezelwürfel gießen. Zwiebel würfeln, Giersch klein schneiden, dazugeben und alles gut verkneten. Die Masse eine halbe Stunde durchziehen lassen. Dann den Teig nochmals gut durchkneten und zu Knödeln formen. In einem Topf Salzwasser zum Kochen bringen, die Knödel ins Wasser geben und ca. 20 Minuten ziehen lassen (nicht mehr kochen).

Gierschlasagne

500 g Giersch, 2 Zwiebeln, 2 Knoblauchzehen, ½ l Wasser, 200 g geriebener Käse, Lasagne-Blätter, 2 bis 3 EL Öl, Salz, Pfeffer, Muskat

Zutaten Soße: *50 g Butter, 50 g Mehl, ½ l Milch, ½ l gekörnte Brühe, Salz, Pfeffer, Muskatnuss*

Zwiebeln und Knoblauch schälen und fein hacken. Beides in etwas Öl anschwitzen. Den grob geschnittenen Giersch dazugeben, mit anschwitzen und mit dem Wasser ablöschen. Mit Salz, Pfeffer und Muskat würzen.

Für die Béchamelsoße die Butter in einem Topf schmelzen, dann das Mehl unterrühren und anschwitzen. Mit der Milch und der gekörnten Brühe ablöschen und aufkochen lassen. Mit Salz, Pfeffer und Muskat würzen.

Nun in die Auflaufform abwechselnd Béchamelsoße, Lasagneblätter und Giersch übereinanderschichten. Die oberste Schicht sollte Béchamelsoße sein. Zuletzt den Käse über die Lasagne streuen und im Backofen bei 180 °C ca. 35 Minuten backen.

Giersch-Pesto

100 g Giersch, eventuell andere Wildkräuter, 3 Zehen Knoblauch, 100 g Parmesan gerieben, 250 ml Olivenöl, 75 g Pinienkerne

Den Giersch und die Wildkräuter gut waschen. Die Knoblauchzehen abziehen und zusammen mit den Kräutern fein hacken. Die Pinienkerne in etwas Öl anrösten und ebenfalls hacken.

Alle Zutaten in einer Schüssel mit dem Parmesan mischen. Das Olivenöl nach und nach unterrühren, bis alles gut vermengt ist. Das Pesto in ein verschließbares Glas geben, im Kühlschrank aufbewahren.

Gundermann

Klein und unscheinbar – aber mit großer Wirkung!

Lateinischer Name: Glechoma hereracea

Weitere Namen: Gundelrebe, Donnerrebe, Hederich, Erdefeu, Gewitterblume, Soldatenpetersilie

Erkennungsmerkmale: Schon im Frühjahr kann man den Gundermann auf fast allen Wiesen, in naturbelassenen Gärten oder an Wegrändern finden. Man erkennt ihn an den kleinen Blättern in rundlich-herzähnlicher Form. Die Blattspitze ist meist eher rundlich. In den Blattachseln sitzen die kleinen lilafarbigen Blüten. Betrachtet man die Blüten genauer, kann man erkennen, dass der Gundermann zu den Lippenblütlern gehört.

Der Gundermann hat zunächst kleine Triebe, die in Bodennähe entlangkriechen, woher auch der Name Erdefeu kommt. Er liebt feuchte Wiesen, aber auch Mauern und Waldränder. Die Pflanze kann man das ganze Jahr über finden, sogar im Winter unter dem Schnee. Die Blütezeit ist zwischen April und Juni.

Wenn man die Blätter zwischen den Fingern zerreibt, kann man den typischen intensiven, aromatischen Geruch des Würzkrautes riechen.

Inhaltsstoffe: Vitamin C, Provitamin A, Eiweiß, Mineralstoffe, ätherische Öle, Saponine

Verwechslungsmöglichkeiten:
Knoblauchsrauke, Echter Nelkenwurz, Rote Taubnessel, Kriechender Günsel

Knoblauchsrauke

Echter Nelkenwurz

Rote Taubnessel

Kriechender Günsel

Heilwirkung

Vermutlich kommt der Name das Heilkrautes von seiner Heilwirkung bei eitrigen Abszessen, da im Althochdeutschen der Eiter als »Gund« bezeichnet wurde. Doch nicht nur bei eitrigen Abszessen ist er hilfreich, er unterstützt auch die Heilung von allen Erkältungskrankheiten wie eitrige Bronchitis, Schnupfen oder auch Blasenerkrankungen. Auch zur Stärkung des Stoffwechsels kann der Gundermann gute Dienste leisten. Die entzündungshemmende Wirkung kommt vom ätherischen Öl, welches im Gundermann enthalten ist. Bei unreiner Haut oder Akne kann man mit einem Gundermann-Gesichtswasser seine Haut reinigen und mit einer Gundermannsalbe die Haut wohltuend pflegen. Auch bei Brandwunden wirkt Gundermannsalbe lindernd und beruhigend.

Historisches

Bereits im 12. Jahrhundert wird Gundermann als Heilpflanze beschrieben. Doch bereits die Germanen schätzten die Wirkung des Krautes. Sie kochten es zum Beispiel in Milch und tranken dies nach einem üppigen Essen. Auch bei Zahnschmerzen und Mundfäule verwendeten sie den Gundermann.
Die Kräuterfrauen wussten damals schon um die Heilkraft des Gundermannes. Sie setzten ihn bei Magenbeschwerden, Verdauungsproblemen oder bei Leberleiden ein. Auch bei Lungenerkrankungen wurde das Kraut verwendet, da es schweißtreibend wirkt.

Der Name »Soldatenpetersilie« stammt aus einer Zeit, als die Soldaten den Gundermann als Würzkraut sehr schätzten. Hildegard von Bingen wiederum verwendete es bei Brustschmerzen, Mattigkeit oder Ohrenschmerzen. Sie schrieb auch: »Wenn ein Mensch infolge fleischlicher Begierde und Unenthaltsamkeit aussetzig wird, so soll er in einem Sud baden aus: 1 Teil Odermennig, ⅓ davon Ysop und 3 x soviel wie beide der Gundermann.«
Der Ausspruch »Ach du grünen Neune« stammt wohl von der Gründonnerstagssuppe, welche aus neun verschiedenen Frühjahrskräutern, darunter der Gundermann, hergestellt wird. Diese Suppe war bereits bei den Kelten und Germanen bekannt; sie sollte dem Körper nach der langen Winterzeit wieder Kraft geben.

In der Ernährung

In der Küche schmeckt dieses Kraut aufgrund der Bitterstoffe wunderbar zu Kräuterquark, Aufstrichen, in Kräutersuppen oder im Salat. Der Gundermann ist auch eine leckere Zutat im Spätzleteig – die leicht bittere Note wird durch das Kochen im Salzwasser ein wenig gemildert.

Rezepte

Kräuterlimonade mit Gundermann

15 Stängel Giersch, 2 Stängel Gundermann, 1 Stängel Minze, 1 l Apfelsaft, ½ l Mineralwasser, 1 Zitrone (Saft)

Apfelsaft in eine große Kanne geben, zum Strauß gebundene Kräuter hineinhängen, für ca. 5 bis 8 Stunden kalt stellen. Vor dem Servieren Kräuter herausnehmen, mit Mineralwasser und Zitronensaft auffüllen und mit einer Zitronenscheibe und ein paar Blüten garnieren.

Süßer Gundermann-Quark

1 Handvoll Gundermannblätter und -blüten, 250 g Sahne, 500 g Magerquark, 2 Bananen, 1 Apfel, Saft einer Zitrone, Ahornsirup oder Honig zum Süßen

Die Sahne mit einer Handvoll Gundermannblätter, dem Apfel (ohne Kerngehäuse) und den Bananen pürieren. Das Ganze mit dem Quark und dem Zitronensaft vermischen. Bei Bedarf mit Ahornsirup oder Honig süßen. Mit Gundermannblüten und -blättern dekorieren.

Schoko-Gundermannblättchen

20 bis 30 mittelgroße Gundermannblättchen mit Stiel, 50 g Kuvertüre

Blätter waschen und trocken tupfen. Kuvertüre nach Packungsanleitung erwärmen. Blättchen am Stiel anfassen und Kuvertüre mit einem Pinsel auf beide Seiten des Blattes auftragen. Zum Trocknen auf Backpapier legen. Anschließend in ein verschlossenes Gefäß füllen und für mehrere Stunden im Kühlschrank kaltstellen. Zum Naschen oder als hübsche Deko.

Würzsalz mit Gundermann

2 Handvoll Gundermannblätter und Blüten, 500 g grobes Meersalz

Die Blätter und Blüten klein schneiden, mit dem Salz mischen und im Mörser oder mit einem Mixer grob zerkleinern. Die Mischung dünn auf einen Teller streichen und gut trocknen lassen. Dies kann bis zu 3 Tage dauern. (Schneller geht es im Backofen oder im Dörrapparat) Wenn die Mischung richtig trocken ist, nochmals mit einem Mixer zerkleinern und in Schraubgläser abfüllen.

Grüne-Neune-Suppe (Gründonnerstagssuppe)

Je 30 g Brennnesselblätter, Bärlauchblätter, Löwenzahnblätter, Knoblauchsrauke, Wegerichblätter, Vogelmiere und Gierschblätter, 10 Gundermannblätter, Gänseblümchenblätter und Gänseblümchenblüten, 2 EL Butter, 2 kleine Zwiebeln, 2 EL Mehl, 125 g Sahne, 1 l Gemüsebrühe, Pfeffer, Salz

Alle Kräuter waschen, klein schneiden, in der geschmolzenen Butter die kleingeschnittenen Zwiebeln andünsten, Mehl darüber streuen, anschwitzen, mit Brühe ablöschen. Suppe ca. 5 Minuten köcheln lassen, Kräuter zugeben, abschmecken, zum Schluss mit Sahne verfeinern.

Kräuterbutter-Gundermann

250 g Butter, eine Handvoll Gundermannblätter und Blüten, ein kleiner Bund Schnittlauch, eventuell ein paar Gierschblätter, Kräutersalz

Die Kräuter waschen und klein schneiden. Die Butter schaumig schlagen, Kräuter dazugeben, mit dem Kräutersalz würzen und alles zusammenrühren. Passt sehr gut zu gegrilltem Fleisch oder Grillgemüse.

Gundermannrisotto

250 g Basmatireis, zwei Handvoll Gundermannblätter und -blüten, eine Handvoll Spitzwegerichblätter, 2 EL Olivenöl, 100 g Sonnenblumenkerne, 4 Frühlingszwiebeln, 1 kleine Zwiebel, 1 Knoblauchzehe, 600 ml gekörnte Brühe, Kräutersalz, etwas Pfeffer

Zwiebeln, Knoblauch, Frühlingszwiebeln und die Kräuter klein schneiden. Olivenöl in einem Topf erhitzen, Zwiebeln, Knoblauch und Kräuter zugeben und leicht andünsten. Die Sonnenblumenkerne zugeben, mitdünsten, mit der gekörnten Brühe ablöschen, den gewaschenen Reis zugeben und kurz aufkochen lassen. Zudecken, auf der ausgeschalteten Herdplatte ca. 20 Minuten ziehen lassen.

Echtes Johanniskraut

Leuchtet wie die Sonne und lässt auch uns strahlen!

Lateinischer Name: Hypericum perforatum

Weitere Namen: Echt-Johanniskraut, Gewöhnliches Johanniskraut, Durchlöchertes Johanniskraut, Tüpfel-Johanniskraut oder Tüpfel-Hartheu, Herrgottsblut, Stolzer Heinrich, Hexenkraut, Elfenblut, Manneskraft, Blutkraut und Johannisblut.

Der Name bezieht sich oft auf Johannes den Täufer, da die Pflanze um den 24. Juni, den Johannistag herum blüht.

Erkennungsmerkmale: Johanniskraut, welches zu den Hartheugewächsen gehört, ist in ganz Europa heimisch. Der Stängel ist durchgehend zweikantig, woran man das Kraut gut erkennen kann. Außerdem ist der Stängel beim echten Johanniskraut innen ausgefüllt, bei anderen Johanniskrautarten nicht. Oben ist das echte Johanniskraut buschig.

Das beste Erkennungsmerkmal jedoch sind die mit Öldrüsen besetzten Blätter. Am Blattrand kann man schwarze Punkte, die Öldrüsen, sehen. Wenn man das Blatt gegen das Licht hält, sind diese sehr deutlich zu erkennen.

Die Blüten haben fünf markante goldgelbe Blütenblätter. Auch diese Blütenblätter haben am Rand markante schwarze Punkte. In den Blüten ist das blutrote Hypericum enthalten, das beim Zerreiben zwischen den Fingern eine rote Farbe hinterlässt. Dieses Hypericum ist es auch, welches das Öl rot färbt, wenn man Johanniskrautblüten darin einlegt.

Das Johanniskraut fängt Ende Juni, um die Sommersonnenwende am 24. Juni, an zu blühen. Die Pflanze liebt Gebüsche, Wegränder, Böschungen sowie Magerwiesen. Das Echte Johanniskraut findet man meistens in größeren Gruppen.

Inhaltsstoffe: Hypericin, Hyperforin, Flavonoide, Gerbstoffe und ätherisches Öl

Verwechslungsmöglichkeiten:

Jakobs-Kreuzkraut

Vorsicht ist geboten beim Jakobs-Kreuzkraut, welches bei uns immer häufiger auftritt. Man kann es jedoch gut unterscheiden, da nur das echte Johanniskraut die Öldrüsen in den Blättern und in den Blüten hat. Außerdem hat das Johanniskraut fünf markante Blütenblätter, wobei das Jakobs-Kreuzkraut mehrere Blütenblätter besitzt. Bei ihm sind die Blütenblätter auch schmaler und länglich angelegt.

Heilwirkung

Licht für die Seele

Die wichtigsten Inhaltsstoffe sind das Hypericin (der Farbstoff der Pflanze) und das Hyperforin (ein sekundärer Pflanzensaft). Zu Heilzwecken werden die Blätter und die Blüten genutzt. Obwohl eine Heilwirkung der Pflanze bekannt ist, ist die tatsächliche Wirkung bis heute nicht vollständig nachgewiesen, trotz vieler Forschungen. Sicher ist jedoch, dass das Johanniskraut bei Depressionen, nervösen Unruhezuständen sowie Angstzuständen helfen kann.
Auch bei Problemen während den Wechseljahren kann dieses Kraut helfen den Hormonhaushalt zu harmonisieren. Nicht zuletzt ist auch eine schmerzlindernde Wirkung bei Kopfschmerzen und Migräne bekannt. Allerdings muss man wissen, dass Johanniskraut-Präparate (Tee, Tabletten usw.) meist erst nach zwei bis drei Wochen zu wirken beginnen.
Es ist erwiesen, dass Johanniskrautöl entzündungshemmend und wundheilungsfördernd ist. Ideal ist das Öl bei kleinen Schürfwunden, leichten Verbrennungen, Neurodermitis, Nervenentzündungen, Rheuma, Ischias- oder Muskelschmerzen. Es wird nicht umsonst auch das »Arnika der Nerven« genannt.

Achtung! Nebenwirkungen und Wechselwirkungen!

Johanniskraut macht empfindlich gegen Sonneneinstrahlung und sollte nicht vor Sonnenbädern eingenommen oder eingerieben werden. Auch beim Einsatz in der Schwangerschaft und Stillzeit ist Vorsicht geboten. Kinder unter zwölf Jahren, Schwangere und Stillende sollten Johanniskraut nur nach Rücksprache mit dem Arzt einnehmen.

Historisches

Schon in der Antike wusste man um die Heilkraft des Johanniskrautes. Hippokrates (460–370 v. Chr.) etwa hat es bei Frauenkrankheiten eingesetzt. Nicht ohne Grund wurde die Pflanze Baldur, dem Gott des Lichtes, zugeordnet. Interessant ist, dass Hildegard von Bingen nichts von der Pflanze hielt. Sie kommentierte: Für die Medizin taugt es nicht viel; es reicht für das Vieh, weil es ein verwildertes Kräutlein ist.
Erst im Spätmittelalter wurde die Pflanze wieder als Heilpflanze erkannt und wurde zur Austreibung von Dämonen und des Teufels verwendet. Das liegt nahe, da Menschen mit Depressionen oder schlechten Gemütszuständen als besessen galten. So hat man damals bereits die beruhigende Wirkung des Krautes erkannt.
Paracelsus nannte das Kraut »Universalmedizin für den Menschen«. Über die Heilwirkung bei psychischen Erkrankungen schrieb er: *»Das soll jeder Arzt wissen, dass Gott ein großes Arcanum (lat. Geheimnis) in das Kraut gelegt hat, nur wegen der Geister und tollen Phantasien, die den Menschen in Verzweiflung bringen.«*

Sagenumwobenes Johanniskraut:

Viele Bräuche, Rituale und Traditionen sind in Verbindung mit dem Johanniskraut bekannt. Meistens geht es darum, dass die Pflanze magische Kräfte hat und uns vor bösen Geistern und Leid schützen soll. Zum Beispiel wurde früher der Altar damit geschmückt, und beim Tanz um das Sonnwendfeuer wurden Kränze mit dem blühenden Kraut getragen. Die Bauern haben Johanniskrautbüschel gebunden und diese in ihren Ställen aufgehängt, um die Tiere vor Unheil und auch ihre Stallungen vor Blitzschlag zu schützen.
Getränke aus Johanniskraut dienten auch als Liebestrank. Es soll den Liebenden stärken und ihm Kräfte verleihen. Wenn man sich Johanniskraut an den Hut steckt, soll man für ein Jahr Gesundheit und Glück haben.
Nach einer Legende war der Teufel so zornig über die Heilkräfte des Johanniskrautes, dass er es mit Nadelstichen verletzte. Doch die Pflanze wuchs unbeirrt weiter und strahlte weiter mit ihren leuchtend gelben Blütenblättern. Der Teufel konnte dem Kraut also nichts anhaben.

In der Ernährung

Die Blätter und Blütenstände werden als Würze in Bitterlikören, Kräuterölen, Kräuterweinen, Sirup oder als Tee verwendet. Blätter und Blüten werden als leicht bitteres Würzkraut oder als essbare Dekoration auf Speisen verwendet. In geringeren Mengen kann man es auch Salaten, Suppen oder Kräuteraufstrichen beigeben.

Rezepte

Johanniskraut-Tee

3–4 Blüten mit 200 ml kochendem Wasser übergießen, 3–4 Minuten ziehen lassen; oder aber 2 Teelöffel getrocknete Blätter mit 200 ml kochendem Wasser übergießen, 3–4 Minuten ziehen lassen.

Johanniskrautsalbe

50 ml Rotöl, 15 g Sheabutter, 5 g Bienenwachs

Rotöl mit Bienenwachs im Wasserbad auf circa 60 °C erwärmen, bis das Bienenwachs geschmolzen ist.
Auf 45 °C abkühlen lassen, dann die Sheabutter zugeben, rühren, bis diese geschmolzen ist. Wer möchte, kann noch ätherisches Öl für einen bestimmten Duft oder besondere Wirkungsweisen in die Salbe geben. In saubere Salbentiegel geben und abkühlen lassen.

Johanniskrautöl (Rotöl)

Johanniskrautblüten, hochwertiges Pflanzenöl (besonders geeignet ist Bio-Olivenöl oder Weizenkeimöl), ein Schraubglas mit Deckel

Blüten vom Stängel abzupfen, das Schraubglas locker mit den Blüten (es dürfen auch ein paar Blätter dabei sein) befüllen, mit dem Öl aufgießen, sodass die gesamten Pflanzenteile gut mit Öl bedeckt sind. An einem warmen und wenn möglich sonnigen Ort sechs Wochen ziehen lassen und ab und zu schütteln. Das mittlerweile rot verfärbte Öl abseihen und eher dunkel bei Zimmertemperatur lagern. Am besten eignen sich dafür dunkle Apothekerflaschen.

Johanniskrauttinktur

Johanniskrautblüten und auch ein paar Blätter, neutraler Alkohol, z.B. Korn oder Wodka mit mindestens 40 Vol % Alkohol, Schraubglas, dunkle Flasche zur Aufbewahrung

Johanniskraut um den 24. Juni herum am späten Vormittag eines sonnigen Tages sammeln.
Blüten und nach Wunsch einige Blätter abstreifen und in ein Schraubglas geben, sodass es zu zwei Dritteln mit Pflanzenteilen gefüllt ist.
Mit Alkohol aufgießen, bis alle Blüten und Blätter bedeckt sind. Verschließen und an einem sonnigen Ort zwei bis sechs Wochen ziehen lassen, dabei gelegentlich schütteln.
Nach der Wartezeit durch ein feines Sieb oder Tuch filtern und in einer dunklen Flasche aufbewahren. Wenn die Tinktur kühl und dunkel gelagert wird, halten sich die Wirkstoffe bis zu zwei Jahre.

Johanniskrautlikör

2 Handvoll Johanniskrautblüten, 1 l Alkohol (zum Beispiel Wodka), 500 g Zucker, 1 l Wasser, 1 TL Vanillezucker

Die Johanniskrautblüten in eine Flasche oder ein Schraubglas geben und den Alkohol darüber gießen. Drei Wochen lang in die Sonne stellen, immer wieder schütteln. Danach Zuckerwasserlösung (500 g Zucker in 1 l Wasser gekocht) und Vanillezucker zugeben, gut schütteln und dunkel lagern. Den Likör mindestens drei Monate ziehen lassen. Dann absieben und in Flaschen umfüllen. Der Likör hilft bei innerer Unruhe, Schlafstörungen, Erschöpfung, in den Wechseljahren, bei Verdauungsbeschwerden, Leber- und Gallenbeschwerden.

Echte Kamille

Das »Allround-Heilkraut«

Lateinischer Name: Matricaria chamomilla

Weitere Namen: Gemeine Kamille, Apfelblümchen, Feldkamille, Frauenblume, Johannisköpfchen, Kammerblume, Muskatblume

Erkennungsmerkmale: Die Echte Kamille wächst vor allem auf nährstoffreichen Äckern, Wildwiesen, Wegrändern oder Böschungen. Sie verströmt den typischen kamillenartigen Duft, was sie von der unechten Kamille unterscheidet.

Die Kamille blüht meist ab Anfang Mai und dann den ganzen Sommer über bis Mitte Oktober. Markant an der Echten Kamille ist, dass die weißen Hüllblätter Richtung Boden zeigen, sodass der gelbe Blütenkopf freisteht. Schneidet man den Blütenkopf in zwei Hälften, erkennt man, dass er innen hohl ist. Außerdem erkennt man sie an dem typischen Kamillegeruch, wenn man die Blüten zerreibt.

Inhaltsstoffe: Ätherisches Öl, Bitterstoffe, Flavonoide, Cumarine, Schleimstoffe, Gerbsäure

Verwechslungsmöglichkeiten

Die Kamille kann lediglich mit verwandten Korbblütlern wie zum Beispiel der Strahlenlosen Kamille, der Hundskamille oder der Geruchlosen Kamille verwechselt werden. Eine Verwechslung ist jedoch nicht weiter schlimm, da auch die anderen Kamillearten nicht giftig sind.
Sie besitzen lediglich nicht die gleichen heilwirkenden Inhaltsstoffe wie die Echte Kamille.

Echte Kamille

Geruchlose Kamille

Strahlenlose Kamille

Hundskamille

Heilwirkung

Die wichtigste Wirkung der Kamille (Chamomilla): Sie ist entzündungshemmend. Dadurch hilft sie uns sowohl bei Magen- und Darmproblemen, bei Übelkeit, Krämpfen, Erbrechen und Durchfall. Durch ihre krampflösende Wirkung kann sie auch gut bei Menstruationsbeschwerden eingesetzt werden. Die enthaltenen ätherischen Öle wirken gegen Viren, Bakterien und Pilze. Deshalb ist sie auch bei Erkältungen das Heilmittel schlechthin. Auch äußerlich angewendet verschafft sie Hilfe bei Hautproblemen, Ohren- oder Zahnschmerzen. Bei Erkrankungen der Atemwege verwendet man sie als Gesichtsdampfbad. Die ätherischen Öle, welche sich im Wasserdampf befinden, gelangen so in die Atemwege und tun unseren Schleimhäuten gut. Auch bei Blasenentzündung kann ein Sitzbad mit Kamille gute Dienste leisten. Auch aus der Homöopathie ist die Kamille nicht mehr wegzudenken.
Für Heilzwecke werden die Blüten am besten drei bis vier Tage nach dem Aufblühen gesammelt, da dann der Wirkstoffgehalt am höchsten ist. Anschließend schonend im Schatten trocknen.

Historisches

Als Heilpflanze war die Kamille bereits im Mittelalter bekannt und wurde damals schon als Heilmittel bei Magen- und Darmbeschwerden angewendet. Äußerlich wurde sie bei schmerzenden Hautblasen oder bei Entzündungen der Haut verwendet. In alten Kräuterbüchern ist zu lesen, dass sie bereits im 1. Jh. nach Christus bei verschiedenen Erkrankungen angewendet wurde, z.B. bei Nierensteinen, in der Geburtshilfe, bei Blähungen und Leberleiden. Im alten Ägypten galt die Kamille als heilig. Man hat sie als Blume des Sonnengottes verehrt. Hier wurde sie auch verwendet, um die Toten einzubalsamieren, damit sie in der Unterwelt geschützt waren.

In der Ernährung

Kamillentee ist wohl jedem bereits aus seiner Kindheit bekannt. Nicht umsonst ist er der beliebteste und meistverkaufte Tee. Aber nicht nur als Tee kann er verwendet werden. Die Kamille ist auch ein herzhaftes Würzkraut. Aus den frischen oder getrockneten Blüten können Ölauszüge oder Tinkturen für die Hausapotheke hergestellt werden. Sehr hübsch sind die Blüten natürlich auch als Dekoration von verschiedenen Speisen.

Rezepte

Kamillenkekse

225 g weiche Butter, 180 g brauner Zucker, 4 EL Kamillentee, 1 Ei, 1 Pck. Vanillezucker, 280 g Mehl

Die weiche Butter mit 140 g Zucker schaumig rühren, Kamillentee zugeben und unterrühren. Dann das Ei und den Vanillezucker zugeben und unterrühren. Mehl und Salz zugeben und unterheben. Den Teig zu einer Rolle formen, in dem restlichen braunen Zucker wälzen, in Frischhaltefolie wickeln und mindestens eine Stunde kalt stellen. Danach die Rolle in ca. 1 cm dicke Scheiben schneiden, auf ein Backblech legen und ca. 10 Minuten bei 190 °C backen. Noch warm mit Puderzucker bestreuen.

Kamillentee

Etwa zwei Teelöffel frische Kamillenblüten in eine Tasse geben, mit heißem, nicht mehr kochenden Wasser aufgießen und mindestens 10 Minuten ziehen lassen.

Lippenpflege

120 g Kamillenöl, 12 g Bienenwachs, 12 g Sheabutter

Warmauszug Kamille: getrocknete Kamillenblüten mit Öl übergießen, im Wasserbad erwärmen (max. 50 °C), mindestens eine Stunde ziehen lassen, abkühlen lassen, 24 Stunden stehen lassen.

Am nächsten Tag nochmals erwärmen, eine Stunde ziehen lassen. Die Blüten absieben.

Das abgesiebte Kamillenöl mit dem Bienenwachs und der Sheabutter im Wasserbad solange erhitzen, bis alles geschmolzen ist und sich gut vermischt hat. Dann entweder in Lippenpflegestifthülsen oder in kleine Salbendöschen abfüllen. Abkühlen lassen. Erst schließen, wenn die Salbe erkaltet ist.

Kamille-Duschgel

100 ml destilliertes Wasser, 100 ml starker Kamillentee, 10 g Kernseife gerieben, 2 EL Mandelöl, eventuell ätherisches Kamillenöl

Die Seife mit dem Wasser und dem Kamillentee in einen Topf geben und auf dem Herd unter ständigem Rühren erhitzen. Bei mittlerer Hitze so lange rühren, bis sich die Seife aufgelöst hat. Dann das Mandelöl und ätherisches Öl unterrühren. Die Masse ist zunächst noch sehr flüssig; nach dem Erkalten erhält die Mischung eine cremige Konsistenz. Nun einige Stunden stehen lassen, nochmals kräftig durchrühren und, falls nötig, die Konsistenz anpassen.

Kamillen-Eis

400 ml flüssige Sahne, 3 EL getrocknete Kamillenblüten, 1 EL Speisestärke, 2 EL Wasser, 4 Eigelb, 1 Prise Salz, 50 g Frischkäse, 100 g Joghurt, 60 g Honig, 1 Pck. Vanillezucker

Die Schlagsahne mit den Kamillenblüten in einen Topf geben, einmal kurz aufkochen und 15 Minuten ziehen lassen. Durch ein feines Sieb gießen; die Kamillenblüten gut ausdrücken, damit möglichst viel Geschmack mitkommt. Die Sahne zurück in den Topf gießen, Speisestärke mit dem Wasser glattrühren und zur Kamillensahne geben, nochmals kurz aufkochen und etwas abkühlen lassen.

Das Eigelb mit Salz ca. 3 Minuten auf höchster Stufe (Handrührgerät oder Küchenmaschine) cremig schlagen. Die Kamillensahne zum geschlagenen Eigelb gießen, dabei immer weiterrühren. Nun Frischkäse, Joghurt, Honig und Vanillezucker zugeben. Auf geringer Stufe gut verrühren, bis eine cremige Masse entstanden ist. Das Ganze nun in eine Form füllen und im Tiefkühler fest werden lassen, dabei in den ersten zwei bis drei Stunden immer wieder mal umrühren.

Knoblauchsrauke

Gewürz- und Heilpflanze in einem

Lateinischer Name: Alliaria petiolata

Weitere Namen: Knoblauchskraut, Lauchkraut, Bärentatze, Sommerknoblauch

Erkennungsmerkmale: Knoblauchsrauke mag eher den Schatten, somit ist sie am ehesten unter Bäumen, an Waldrändern, an Mauern oder auch auf Schuttplätzen zu finden. Die Stängel sind leicht vierkantig, die Blätter sind im ersten Jahr eher rundlich, im zweiten Jahr sind sie dreieckig und am Rand gezahnt. Wenn man die Blätter zwischen den Fingern zerreibt, kann man den leicht knoblauchartigen Geruch riechen.

An den Kelchblättern der Blüte erkennt man, dass die Knoblauchsrauke zu den Kreuzblütlern gehört. Die Samen sitzen in kleinen Schoten an den Stängeln.

Inhaltsstoffe: Senfölglycoside, Saponine, ätherisches Öl, Vitamin A und C, Mineralstoffe

Verwechslungsmöglichkeiten

Mit dem Scharbockskraut (hat glänzende Blätter, die nicht nach Knoblauch duften) oder dem Gundermann, allerdings sind die Blätter der Knoblauchsrauke schnell sehr viel größer.

Junge Knoblauchsrauke

Scharbockskraut (schwach giftig nach der Blüte)

Heilwirkung

Heute ist die Knoblauchsrauke als Heilkraut eher weniger bekannt. Früher wurde sie jedoch sehr häufig als Heilkraut sowohl innerlich als auch äußerlich angewandt. Die Inhaltsstoffe wirken entzündungshemmend, schleimlösend, blutreinigend und auch harntreibend. In der Volksmedizin wurde aus den Blättern ein Brei hergestellt und dieser äußerlich bei Insektenstichen, eitrigen Wunden, Rheuma oder auch bei Hüft- oder Knochenschmerzen aufgetragen. Ebenso ist sie hilfreich bei Erkrankungen der Atemwege oder bei starkem Husten. Hier ist ein Tee aus dem Kraut sehr wohltuend.

Historisches

Die Knoblauchsrauke zählt zu den ältesten bekannten einheimischen Gewürzkräutern. Laut Geschichtsbüchern soll die Pflanze bereits vor 5000 Jahren als Gewürz- und Heilpflanze verwendet worden sein. Im Mittelalter wurde sie vor allem von der ärmeren Bevölkerung als Würzkraut genutzt. Damals wurde sie sogar in Gärten angepflanzt. Man verwendete nicht nur Blätter und Blüten, sondern auch die Samen, die als Pfefferersatz eingesetzt wurden.

In der Ernährung

Knoblauchsrauke ist ein mildes Gewürzkraut und hat einen pfeffrig-knoblauchähnlichen Geschmack. Eine ideale Alternative für Menschen, die Knoblauch oder Bärlauch nicht vertragen. Außerdem hat man nach dem Essen nicht die sogenannte »Knoblauchfahne«. Die Knoblauchsrauke sollte am besten in frischem Zustand verarbeitet werden. Sehr lecker ist sie in Kräuterquark, Salaten, Kräuterbutter oder Brotaufstrichen.

Grüne Pfannkuchen

50 g Knoblauchsraukenblätter, 200 ml Milch, 2 Eier, 200 g Mehl, 60 ml Mineralwasser, 1 Prise Salz, 1 Prise Zucker, Fett zum Ausbacken

Die Knoblauchsrauke klein schneiden und mit der Milch und den Eiern verquirlen, dann das Mehl, Mineralwasser, Salz und Zucker zugeben, alles gut vermengen. Mindestens 15 Minuten quellen lassen, anschließend in heißem Fett Pfannkuchen ausbacken. Sehr lecker dazu ist ein Kräuterquark.

Kräuterquark mit Knoblauchsrauke

200 g Quark, 100 g Schmand, 1 Handvoll Knoblauchsraukenblätter, 1 TL Zitronensaft, 1 TL Senf, Kräutersalz

Knoblauchsrauke klein schneiden, mit allen anderen Zutaten vermengen und gut durchziehen lassen. Schmeckt sehr gut zu Kartoffeln oder zu Steaks, Käse oder zu Grillgemüse.

Knoblauchsrauken-Mayonnaise

Eine Handvoll klein gehackte Knoblauchsraukenblätter, 200 ml Sonnenblumenöl, 2 Knoblauchzehen, 1 Ei, 1 TL Senf, 1 TL Zitronensaft, ½ TL Salz

Blätter der Knoblauchsrauke und Knoblauch sehr fein schneiden, alles in ein hohes Gefäß geben, Ei, Senf, Zitronensaft und Gewürze zugeben, mit dem Pürierstab alles pürieren. Während des Pürierens das Öl in einem dünnen Strahl dazu laufen lassen; so lange rühren, bis sich die Mayonnaise gebildet hat. Schmeckt lecker zu Grillgemüse, Steaks oder Käse.

Wilde Kräuterbutter

Eine Handvoll Knoblauchsraukenblätter, weitere Kräuter nach Belieben (Schafgarbe, Giersch, Spitzwegerich), einige Rotkleeblüten oder Schnittlauchblüten, 250 g weiche Butter, Kräutersalz

Alle Kräuter waschen und klein schneiden, die Blüten abzupfen, alles unter die weiche Butter mischen, mit Kräutersalz abschmecken und mit Knoblauchsraukenblüten garnieren.

Gefüllte Champignons mit Knoblauchsrauke

500 g frische Champignons, 200 g Schmand, 1 Handvoll Knoblauchsrauke, 50 g Butter, 1 Zwiebel, 40 g Mehl, 250 ml Wasser, 250 ml Milch, 150 g geriebener Käse, Kräutersalz

Champignons waschen und den Stiel herausbrechen; mit der Innenseite nach oben in eine Auflaufform setzen. Die Knoblauchsrauke klein schneiden, mit dem Schmand mischen, mit Kräutersalz abschmecken. Dann die Champignons mit der Schmand-Mischung füllen.

Die Stiele der Champignons klein schneiden, die klein geschnittenen Zwiebeln in der Butter andünsten, wenn die Zwiebeln glasig sind, mit Mehl bestreuen und kurz anschwitzen, dann mit Wasser und Milch ablöschen, mit Kräutersalz abschmecken. Die Soße in die Auflaufform zu den Champignons gießen, mit dem geriebenen Käse bestreuen und bei 200 °C ca. 30 Minuten überbacken. Dazu schmeckt ein frischer Wildkräutersalat.

Melonen-Mozzarella-Rauken Salat

750 g Wassermelone, 500 g Honig-Melone, 2 Schalotten, 150 g Mozzarella, 3 Handvoll Knoblauchsrauke, 3 EL weißer Balsamicoessig, 3 EL Rapsöl, Salz, Pfeffer

Die Melonen in Würfel schneiden (ca. 2 x 2 cm), Schalotte in feine Streifen schneiden, Mozzarella in Würfel scheiden (oder Mozzarella-Kugeln verwenden), Knoblauchsrauke klein schneiden, alle Zutaten in eine Schüssel geben, Essig, Öl und die Gewürze zugeben und vorsichtig vermischen. Mindestens eine halbe Stunde im Kühlschrank ziehen lassen.

Kornblume

Leuchtende Ackerschönheit

Lateinischer Name: Centaurea cyanus

Weitere Namen: Zyane, Blaumütze, Hungerblume, Roggenrose

Erkennungsmerkmale: Früher waren die Getreidefelder voll mit Kornblumen. Heute ist sie meist nur noch an Feldrändern oder auf stillgelegten Flächen zu finden. Sie wächst vor allem an Standorten, die offen und eher nährstoffarm sind. Fast jedes Kind kennt jedoch die leuchtende, strahlende Kornblume.

Erkennen kann man sie gut an ihrem behaarten Stängel. Die Blätter, die wie eine Lanze abstehen, sind ebenfalls behaart. Die Blätter am Boden sind wesentlich größer als die, die weiter oben wachsen. Am Stielende sitzt die blau leuchtende Blüte, die wie ein Körbchen angeordnet ist. Das wundert nicht, da die Kornblume zur Familie der Korbblütler gehört. Sie blüht von Ende Mai bis Ende August, manchmal auch bis September und kann teilweise bis zu einem Meter hoch werden.

Inhaltsstoffe: Schleimstoffe, Salicylsäure, Bitterstoffe, ein blauer Farbstoff, Flavonglycoside, Harze, Glycoside, Gerbstoffe

Heilwirkung

Kornblumen gelten als Hausmittel bei verschiedenen Augenbeschwerden. Man macht Breiumschläge oder wässrige Auszüge oder Salben aus Kornblumenblüten, um Entzündungen der Augen zu heilen, z.B. bei Bindehautentzündung oder bei Tränensäcken. Die Blüten enthalten Polysaccharide, die entzündungshemmend wirken. Somit können Tinkturen aus der Kornblume auch bei Magen- oder Verdauungsproblemen helfen. In der Volksmedizin wird sie auch bei Fieber, Husten oder Mundschleimhautentzündungen eingesetzt. Eine Salbe aus der Kornblume kann auch bei Akne oder Insektenstichen verwendet werden.

Historisches

Schon im Mittelalter war die Kornblume bekannt und wurde als Heilkraut angewendet. Damals wurde schon erkannt, dass sie eine zusammenziehende, reinigende Wundheilung bewirkt. In den Kräuterbüchern des Mittelalters galt die Kornblume als universelle Heilpflanze, die sowohl für äußerliche als auch innerliche Beschwerden angewendet werden kann. Hauptanwendungsgebiete waren vor allem schlecht heilende Wunden, Fieber und giftige Insektenbisse durch Spinnen oder Skorpione. Im Buch von Mattioli gilt die Kornblume auch als Heilmittel bei Mundfäule. Sogar bei Augenleiden wurde die Pflanze angewendet.

Hildegard von Bingen schrieb über die Kornblume, sie helfe vortrefflich bei roten Augen und jeglichen anderen »hitzigen« Beschwerden, in zerstoßener Form oder als Umschlag. Die Kornblume helfe auch gegen »böse faule Wunden und Schäden, wenn man den ausgedrückten Saft hinein tue«.

Heute noch gilt sie als ein Symbol für Wohlstand, Glück und Treue und schmückt auf dem Land die Brautkränze der jungen Mädchen. Auch bei der traditionellen Kräuterweihe zu Mariä Himmelfahrt im August ist sie stets ein fester Bestandteil der Gebinde und Sträuße.

In der Ernährung

In der Küche werden meist die Blüten der Kornblume verwendet, hier meist zu dekorativen Zwecken. Die Blüten sind grundsätzlich essbar. Die kleinen Einzelblüten sind durchaus schmackhaft und haben einen leicht würzigen Geschmack. Die Blütenkelche hingegen sind aufgrund der zahlreich enthaltenen Bitterstoffe leicht bitter.
Gern verwendet werden Kornblumenblüten auf Desserts, Kuchen, kalten Platten oder Wildkräutersalaten.

Rezepte

Kornblumenblüten-Tee

Einen EL Kornblumenblüten in ¼ l heißes Wasser geben, dann zehn Minuten ziehen lassen, danach absieben.

Blütensalz

5 EL grobes Meersalz, 2 EL Malvenblütenblätter, 1 EL Rosenblütenblätter, 1 EL Basilikumblätter, 2 EL Kornblumenblüten, eventuell noch weitere Blüten wie Frauenmantel, Rotklee oder Gänseblümchen

Alle Blätter und Blüten mit dem Salz in einen Mixer geben und grob zerkleinern. Danach auf ein Tablett streichen und an der Luft trocknen lassen. Wenn es trocken ist, mit den Händen verreiben und in Gläser füllen.

Das Salz ist eine schöne Geschenkidee, passt sehr gut zu Fisch, über einen Salat oder zur Deko auf Käseplatten.

Quarkbällchen mit Kornblumenblüten und Kokos

150 g Kokosflocken, 2 EL Kornblumenblüten, 200 g Quark, 3 EL Honig, 1 Prise Vanillezucker, 1 Prise Zimt

100 g Kokosflocken mit dem Quark, dem Honig, der Hälfte der Blüten (nur die abgezupften Blütenblätter) und den Gewürzen vermischen. 3 Stunden gekühlt ziehen lassen, dann aus der Masse kleine Bällchen formen. Die Bällchen durch die restlichen Kokosflocken rollen und mit Blüten bestreut servieren.

Kornblumen-Holunderblütengelee

750 ml Holunderblütensaft (oder Apfelsaft), 2 EL Zitronensaft, 500 g Gelierzucker 2:1, frische Kornblumen

Für den Holunderblütensaft 2–3 Dolden Holunderblüten in 1 Liter warmem Wasser einlegen, 2 Tage ziehen lassen. Alles zusammen kurz aufkochen, die Blüten abgießen. Den abgegossenen Saft abmessen (750 ml), Zitronensaft und Gelierzucker zugeben, zum Kochen bringen und 4 Minuten kochen lassen. Nach 3 Minuten Kochzeit die Kornblumenblüten zugeben und mitkochen lassen. Danach in Schraubgläser abfüllen.

Kornblumenblüten-Tinktur

Beliebig viele Kornblumen, andere blaue Blüten wie zum Beispiel Gundermann, Lavendel, Wegwarte, 40 %iger Alkohol (Wodka oder Korn)

Die frischen Blüten in ein Schraubglas geben und mit dem Alkohol übergießen (alle Blüten müssen bedeckt sein). 4 bis 6 Wochen an einem dunklen Ort stehen lassen, immer wieder schütteln. Danach die Blüten abgießen und in dunkle Flaschen abfüllen.

Die Tinktur soll insbesondere bei Unruhezuständen, Nervosität, Stress und Konzentrationsstörungen hilfreich sein. Die Tinktur kann dreimal täglich, fünf bis zehn Tropfen verdünnt in Wasser, eingenommen werden.

Kornblumenblüten-Likör

3 Handvoll Kornblumenblüten, 0,7 l Schnaps (Wodka oder Doppelkorn), 150 g Kandiszucker

Die Blüten in ein Schraubglas geben, mit Kandiszucker auffüllen und mit dem Alkohol aufgießen (die Blüten müssen bedeckt sein). Nun 8 Wochen ziehen lassen, immer wieder schütteln. Danach in Flaschen abfüllen. Das Getränk bekommt keine blaue Farbe, eher eine leuchtend hellbraune.

Kriechender Günsel

Bitter im Geschmack – lecker in der Verwendung

Lateinischer Name: Ajuga reptans

Weitere Namen: Kriechgünsel, Wiesengünsel, Gurgelkraut

Erkennungsmerkmale: Der Kriechende Günsel ist auf Wiesen leicht erkennbar, da er meist in ganzen Gruppen wächst, wie eine Armee, die auf der Wiese steht. Das Kraut hat eiförmige, gewellte (manchmal auch gezackte) Blätter. Die Blätter sind das ganze Jahr über grün, auch im Winter. Der Stängel ist vierkantig und an zwei Seiten behaart. Im Frühjahr blüht er, wobei die Blüten im Kreis um den Stängel, welcher aufrecht steht, angeordnet sind. Die Blüten sind meist nur etwa zwei Zentimeter lang. Wenn man die Blüten betrachtet, erkennt man, dass der Günsel zu den Lippenblütlern gehört. Die Farbe der Blüte geht von violett bis blau.

Der Günsel breitet sich durch Wurzelausläufer und durch Selbstaussaat aus. Die Samen werden oft von Ameisen verbreitet. Er wächst gerne auf halbschattigen Wiesen, an Wegrändern und in Gärten mit nährstoffreichem Boden.

Inhaltsstoffe: Saponine, Glycoside, Bitterstoffe, Gerbstoffe, Vitamin C, Mineralstoffe, ätherisches Öl

Verwechslungsmöglichkeiten

Mit dem Wiesensalbei, dem Gundermann und der Kleinen Braunelle, die allerdings alle auch essbar sind.

Wiesensalbei

Kleine Braunelle

Heilwirkung

Leider wird der Kriechende Günsel heute in der Pflanzenheilkunde nur noch wenig genutzt, obwohl er doch einige sehr wertvolle Inhaltsstoffe zu bieten hat. Er kann sowohl innerlich als auch äußerlich angewendet werden und wirkt allgemein schmerzstillend und entspannend. Innerlich hilft er bei hohem Blutdruck, bei Appetitlosigkeit und bei Magenproblemen, und er unterstützt die Leber. Auch bei Schlafstörungen bewirkt ein »Günsel-Tee« am Abend getrunken wahre Wunder. Außerdem kann er bei Husten mit zähem Schleim sehr hilfreich sein; heilend wirkt er auch bei Halsentzündungen. Äußerlich ist der Günsel ein gutes Mittel gegen Quetschungen, Prellungen, Wunden und Ekzeme oder auch zur Behandlung von Narben.

Historisches

In alten Büchern über Pflanzenheilkunde wurde er bereits in der ersten Hälfte des 15. Jahrhunderts erwähnt. Auch Hildegard von Bingen beschreibt ihn in ihren Schriften zur Wundheilung und als Mittel bei Bluthochdruck. Im Mittelalter war der Günsel ein wichtiges Kraut, um Wunden zu heilen. Egal ob eitrige Wunden oder zum Beispiel auch als Mittel, um Splitter aus der Haut zu holen.

Aberglaube: Es gibt alte Erzählungen, laut denen ein Gewitter kommt, wenn man einen Günsel achtlos abreißt. Dieser Aberglaube geht auf die Germanen zurück. Denn bei ihnen war alles, was blau war, dem Donnergott Thor geweiht. Riss jemand eine »seiner« Blumen grundlos ab und entweihte sie damit, erzürnte ihn das so sehr, dass er seinen Hammer Mjölnir schwang. Und so strafte er jeden, der dies wagte, mit einem fürchterlichen Gewitter.

In der Ernährung

Im Frühjahr werden sowohl die Blätter als auch die Blüten in der Küche verarbeitet. Das Kraut kann entweder frisch oder getrocknet in Salaten, Suppen, Eintöpfen oder Aufläufen verwendet werden. Man sollte ihn jedoch sparsam anwenden, da er etwas bitter schmeckt. Die Blüten dagegen schmecken eher mild und etwas süßlich, weshalb diese auch sehr gut zu Süßspeisen wie Obstquark oder Joghurtspeisen passen. Ideal ist das Kraut auch für Wildkräutersmoothies.

Günsel-Smoothie

10 Blätter vom kriechenden Günsel und ggf. einige Blüten, 1 Salatherz, 1 Stängel Minze, 1 Pfirsich, 1 Handvoll Heidelbeeren, 1 Handvoll Rosinen (über Nacht in Wasser eingeweicht), Saft von 1 Limette, Wasser oder Eiswürfel je nach Belieben

Alle Zutaten im Mixer mischen und kalt genießen.

Kartoffelsuppe mit Günsel

1 Stange Lauch (ca. 180 g), 250 g Kartoffeln (mehlig kochend), ½ l Gemüsebrühe, Salz, Pfeffer, 100 ml Sahne, 2 EL Günsel (Blätter und Blüten klein geschnitten)

Lauch putzen und in Ringe schneiden. Kartoffeln schälen und grob würfeln. Beides mit der Gemüsebrühe in einen Topf geben und garen, bis die Kartoffeln weich sind. Suppe leicht anpürieren und mit Salz und Pfeffer abschmecken. Sahne unterrühren und zum Schluss die gehackten Kräuter zugeben. Als Garnitur einige Günselblüten über die Suppe streuen.

Günsel-Tinktur

Günselblätter und Blüten entweder klein schneiden oder in einem Mörser zerreiben und in ein Schraubglas geben, mit Alkohol (zum Beispiel Korn oder Wodka) übergießen und mindestens 3 Wochen im Dunkeln stehen lassen. Danach abfiltern und in eine dunkle Flasche füllen. Die Tinktur kann innerlich bei Sodbrennen oder Unruhe und äußerlich bei Verletzungen angewendet werden.

Günsel-Hanfbratlinge

Eine Handvoll Günselblätter und eventuell Blüten, 100 g Hanfsamen, 80 g geriebene Haselnüsse, 50 g geriebener Käse, 1 Ei, 75 g Semmelbrösel, 1 kleine Karotte, Kräutersalz, Öl

Die Blätter vom Günsel klein schneiden, die Karotte fein raspeln, alle Zutaten vermischen. Die Mischung mindestens 15 Minuten ziehen lassen. In einer Pfanne das Öl erhitzen, aus dem Teig kleine Bratlinge formen und diese im Öl auf beiden Seiten braun anbraten.

Steaks mit Günselsoße

4 Schweinesteaks, 40 g Butter, 1 Zwiebel, 3 Frühlingszwiebeln, 40 g Mehl, eine Handvoll Günselblätter und -blüten, 1 Ecke Streichkäse, 500 ml Wasser, Kräutersalz

Die Steaks würzen und in eine Auflaufform legen. Die Zwiebel in Würfel schneiden, Frühlingszwiebel in Ringe schneiden, Günsel klein schneiden. Die Zwiebel in Butter andünsten, Frühlingszwiebeln zugeben, mitdünsten, mit Mehl bestäuben, anschwitzen und anschließend mit dem Wasser ablöschen. Aufkochen lassen, den Günsel und den Streichkäse zur Soße geben. Die Soße über die Steaks gießen und im Backofen 40 Minuten bei 180 °C überbacken. Dazu Reis oder Nudeln und grünen Salat servieren.

Labkraut

Ein Star in der Wildkräuterküche

Lateinischer Name:

Echtes Labkraut: Galium verum;

Wiesenlabkraut: Galium mollugo;

Klettenlabkraut: Galium aparine

Weitere Namen: Maria Bettstroh, Bitterstielkraut, Butterstiel, Gelbes Käselab, Liebfrauenstroh, Gemeines Labkraut, Magerkraut, Milchgerinnkraut, Grasstern, Wegstroh

Erkennungsmerkmale: Labkraut gehört zu den eher unscheinbaren Kräutern; es ist sehr zart und unauffällig. Echtes Labkraut ist gelbblühend und nicht ganz so häufig wie das weißblühende Wiesenlabkraut. Man erkennt es am besten an der typischen Blattstellung. Der Stängel ist vierkantig und nicht behaart. Am Stängel steht etagenweise ein Kranz aus schmalen Blättern. Sind die Blätter fast nadelförmig, so ist es echtes Labkraut. Hängen sich die Blätter an der Kleidung fest, so ist es Kletten-Labkraut. Die Blüten des echten Labkrautes (gelb) sowie die des Wiesen-Labkrautes duften nach Honig. Die einzelnen Blüten sind nur wenige Millimeter groß.

Insgesamt gibt es mehr als 600 verschiedene Labkrautarten. Labkraut ist für viele Insekten eine wichtige Futterpflanze. Das Echte Labkraut ist die Fraßpflanze der Raupen des Kleinen Weinschwärmers, einer dämmerungs- und nachtaktiven Art aus der Familie der Schwärmer, sowie des Taubenschwänzchens.

Inhaltsstoffe: Ätherische Öle, Cumarine, Flavonoide, Gerbstoffe, Glycoside, Kieselsäure, Spurenelemente

Heilwirkung

Alle Labkräuter wirken entkrampfend bei Verdauungsproblemen und harntreibend, was bei Gallen- oder Nierenproblemen hilfreich ist. Außerdem wirkt es blutreinigend und stoffwechselanregend, und es wirkt leicht abführend. Auch bei schlecht heilenden Wunden, bei Ekzemen auf der Haut oder bei Nasenbluten kann es äußerlich angewendet werden. Labkrautsalbe soll der Hautalterung vorbeugen und die Haut pflegen. Getrocknetes Labkraut kann man auch für Räucherungen verwenden, was Müdigkeit und Nervosität vertreibt. Die enthaltenen ätherischen Öle wirken beruhigend auf den Menschen.

Historisches

Viele Geschichten ranken sich um die Bedeutung des Namens. So soll Labkraut ein Enzym enthalten, das wie das Labferment aus dem Kälbermagen die Milch gerinnen lässt. Allerdings ist es bis heute nicht gelungen, Milch mit Labkraut gerinnen zu lassen. Eventuell stammt der Name auch vom Kletten-Labkraut, das zu einem Sieb verflochten wurde, um Milch abzuseihen.
Das Echte Labkraut war einst der nordischen Göttin Freya geweiht und gehörte neben dem Johanniskraut in jedes Kräuterbündel, das zum Schutz vor bösen Geistern in Haus und Stall aufgehängt sowie unter der Kleidung getragen wurde. Gebärenden wurden diese beiden Kräuter als »unser lieben Frauen Bettstroh« ins Lager gemischt, um ihnen die Geburt zu erleichtern. Außerdem glaubte man, dass die Kräuter die Mutter und das Neugeborene vor Krankheiten und bösem Zauber schützen. Wenn das Labkraut trocknet, setzen sich die ätherischen Öle frei, die beruhigend auf die Frauen wirken.

In vorchristlicher Zeit dienten viele Kräuter als Zutat zum Bierbrauen. Zu diesen Bierkräutern, aus denen Heilbiere hergestellt wurden, gehörte auch das Labkraut. Jedes Kraut hatte seine eigene Wirkung – das Labkraut galt als harntreibend. Diese Wirkung wird auch heute noch in vielen Kräuterbüchern beschrieben. Es ist auch bekannt, dass die Germanen die rotfärbende Wurzel des Labkrautes zum Färben von Stoffen und Wolle verwendet haben.

In der Ernährung

Labkraut können wir fast das ganze Jahr verwenden. Da es sehr mild und saftig ist, eignet es sich hervorragend für Salate, Suppen, Gemüsegerichte, oder man kann es garen wie Spinat. Im Frühjahr ist es ein wichtiger Bestandteil von grünen Smoothies. Und Labkraut in Mineralwasser mit Eiswürfeln ist ein herrlich erfrischendes Sommergetränk. Der Fantasie sind keine Grenzen gesetzt. Die Samen werden als Brotbelag, zu Müsli, in Salatsoßen, zu Gemüsegerichten usw. verwendet.

Echtes Labkraut
Galium verum

Wiesenlabkraut
Galium mollugo

Klettenlabkraut
Galium aparine

Kinder-Labkrautbowle

1 Bund Labkraut, 1 l Apfelsaft, Saft einer Zitrone

Labkraut etwas anwelken lassen, in den Apfelsaft geben und ein bis zwei Stunden ziehen lassen, Kräuter herausnehmen, Zitronensaft einrühren. Nach Geschmack mit Mineralwasser mischen.

Labkrautbad bei Sonnenbrand

150 g getrocknetes oder frisches Labkraut mit 3 Liter kochendem Wasser übergießen, 10 Minuten ziehen lassen, absieben und dem Badewasser zugeben. Dies beruhigt die Haut und mildert die Schmerzen.

Wildkräuter-Nocken

3 große Handvoll Kräuter, gemischte Wildkräuter (z.B. Labkraut, Knoblauchsrauke, Giersch, Brennnessel, Vogelmiere), 250 g Magerquark, 2 Eier, 150 g Mehl, 50 g geriebener Käse, Salz, Muskat, Pfeffer

Die Kräuter waschen, abtropfen, kurz mit heißem Wasser überbrühen und klein hacken. Den Quark mit Eiern, Mehl, Käse und Gewürzen verrühren, dann die Kräuter untermischen. Mit einem nassen Teelöffel Nocken abstechen und in simmerndem Salzwasser etwa 3–5 Minuten gar ziehen lassen. Dazu passt Tomatensoße und ein Wildkräutersalat.

Labkraut-Stierrum

5 große Handvoll Labkrautblätter und-blüten, 200 g Mehl, 30 g Zucker, 4 Eier, 300 ml Milch, 1 Prise Salz, 50 g Butter für die Pfanne

Labkrautblätter und -blüten klein schneiden. Das Mehl mit dem Zucker, Salz und den Eiern kurz verrühren, nach und nach die Milch hinzugeben, sodass ein glatter Teig entsteht. Zum Schluss das Labkraut untermischen. Butter in die Pfanne geben, heiß werden lassen, nun den Teig in die Pfanne geben und kurz anbraten. Danach den Teig zerstückeln, sodass kleine Stücke entstehen. Wenn alles rundherum leicht angebraten ist, in eine Schüssel geben und mit Puderzucker bestreuen. Dazu passt Apfelmus oder verschiedene eingekochte Früchte.

Labkrautfrischkäse auf Feldsalat

Feldsalat, 400 g Frischkäse, 3 Handvoll junges frisches Labkraut, Kräutersalz, 1 Rote Beete, Essig, Öl, Salatgewürz

Den Frischkäse in einer Schüssel mit dem klein geschnittenen Labkraut vermischen, mit Kräutersalz würzen und kalt stellen. Die rote Beete kochen, schälen, abkühlen lassen (oder bereits gekochte Rote Beete aus dem Glas nehmen) und in feine Scheiben schneiden. Aus den Rote Beete-Scheiben Herzen ausstechen. Aus Essig, Öl und dem Salatgewürz ein Dressing herstellen und den Feldsalat damit anmachen. Aus der Frischkäse-Mischung mit einem Eiskugelformer Kugeln abstechen und auf den Salat geben. Jede Kugel mit einem Herz aus Rote-Beete garnieren.

Gewöhnlicher Löwenzahn

Leuchtend wie die Sonne

Lateinischer Name: Taraxacum officinalis

Weitere Namen: Kuhblume, Butterblume, Bettseicher, Milchblume, Schmalzblümlein, Pusteblume

Erkennungsmerkmale: Wenn ab Anfang Mai die Wiesen übersät sind von Löwenzahnblüten, könnte man meinen, die Sonne sei auf die Erde gefallen. Der Löwenzahn mit seiner leuchtend gelben Blütenfarbe ist uns allen seit unserer Kindheit bekannt. Besonders auffallend sind seine gezackten und spitzen Blätter, woher wohl auch sein Name kommt, die an die Zähne eines Löwen erinnern.

Die Blätter sind nicht behaart. Sowohl die Stängel als auch die Leitgefäße der Blätter enthalten einen weißen Milchsaft. Dieser Saft enthält viele Bitterstoffe, was die Pflanze vor Wildfraß schützt. Der Stängel, auf dem die Blüten sitzen, knackt beim Brechen hohl. Die Blütenkörbchen des Löwenzahns öffnen sich zwischen April und Mai. Sie passen sich dem Rhythmus des Tages an und öffnen sich am Morgen bei Sonnenschein und schließen sich zum Ende des Tages. Bei Regen oder schlechtem Wetter bleiben sie geschlossen. Natürlich kennen wir alle die Pusteblume, in die sich die Blüte nach der Reife verwandelt. Durch die Verwandlung in lauter kleine »Fallschirmchen« können sich die Samen weitläufig verbreiten. Es gibt eigentliche viele gute Gründe, sich über den Löwenzahn im Garten zu freuen.

Inhaltsstoffe

im Kraut: Bitterstoff (Taraxin), Gerbstoffe, Vitamin D, C und B, Kalium, Calcium, Mangan, Natrium, Schwefel, Kieselsäure, Schleimstoffe; der Löwenzahn enthält 68 mg Vitamin C auf 100 g, das übertrifft die Zitrone bei weitem. Ebenso enthält 100 g Löwenzahnkraut mehr Calcium als 100 ml Milch.

in den Wurzeln: Inulin, Bitterstoff (Taraxin) Gerbstoffe

in den Blüten: Xantophyll, Mineralstoffe

Verwechslungsmöglichkeiten

Im Blattstadium mit dem Wiesenpippau, mit Rucola, aber auch mit dem giftigen Kreuzkraut

Junger Löwenzahn

Rucola (ungiftig, essbar, sehr gesund)

Wiesenpippau (ungiftig, essbar)

Kreuzkraut (Sehr giftig) ☠

Heilwirkung

Als Heilpflanze ist der Löwenzahn nicht nur in der Volksmedizin ein altbewährtes Hausmittel. Auch die moderne Medizin hat die Wirkungen dieses goldgelben Frühjahrsblühers anerkannt; zusätzlich hat die Küche den Löwenzahn zur Frühjahrskur auf ihren Speiseplan gesetzt, denn es ist eine tolle Ergänzung für den Speiseplan. Von der Wurzel bis zur Blüte sind alle Pflanzenteile verwertbar.

Wahre Lebenskraft spiegelt die Pflanze mit ihren Heilkräften wider: Der Löwenzahn schafft es, seine Sprieße selbst durch Betonplatten durchzuschieben, denn er strotzt vor Vitalität und Lebensfreude. Dies zeigt, welchen Willen und welche Kräfte er besitzt, die wir uns zunutze machen können.

Der Löwenzahn hilft vor allem unserem Verdauungstrakt bei Appetitlosigkeit, bei Völlegefühl oder bei Blähungen. Nieren und Leber werden durch die Wirkstoffe der Pflanze zu erhöhter Aktivität angeregt, was dem Löwenzahn den Beinamen »Bettseicher« eingebracht hat. Auch die Wurzeln des Löwenzahns sind in der Volksmedizin sehr wertvoll. Da sie viele Bitterstoffe besitzen, regen sie die Magensäfte an. Auch die Leber wird durch Löwenzahnwurzel gereinigt, sodass sie wieder besser arbeiten kann.

In der Homöopathie kommt der Löwenzahn bei Gelenk- und Muskelbeschwerden, bei Magenschleimhautentzündungen und bei Rheuma zum Einsatz. Die Inhaltsstoffe des Löwenzahns regen die Selbstheilungskräfte an, was ihn zu einer echten Wunderpflanze macht.

In der Ernährung

Gerade im Frühjahr bietet sich der Löwenzahn als eines der ersten Wildkräuter an. Egal ob für Salat, Gemüsebeigabe, Smoothies, Kräuterquark, Suppen oder als Tee. Die jungen Blätter enthalten weniger Bitterstoffe und können vielseitig eingesetzt werden. Es gibt viele verschiedene Kombinationsmöglichkeiten für einen leckeren Löwenzahn-Salat. Mit anderen Wildpflanzen, Endiviensalat, mit Tomaten, Zucchini oder Pilzen – junge Löwenzahnblätter sind eine fantastische Grundlage für einen grünen oder bunten Salat. Zur Dekoration können auch ein paar Blüten verwendet werden.

Hautpflege

Die Blüten des Löwenzahns erhellen das Gemüt, und man sagt, dass er das Bewusstsein klärt und Zufriedenheit sowie Selbstachtung lehrt. In Pflegeprodukten sollen die Blüten des Löwenzahns trockener und rissiger Haut bei der Selbstheilung helfen und sollen sogar Gelenkschmerzen, Muskelkater und Verspannungen lindern.

Rezepte

Löwenzahnblütenhonig

1 Litermaß Löwenzahnblüten, Wasser, Zucker, 1 Zitrone

Gesammelte Löwenzahnblüten auf einem Tuch auslegen, damit alle »Tiere« (Insekten) gehen können. Die Blüten in einen Topf geben, mit Wasser bedecken, aufkochen. 10 Minuten köcheln lassen. Den Sud über Nacht stehen lassen, am nächsten Tag durch ein Sieb filtern und mit Zucker (Verhältnis 1:1) und dem Zitronensaft unter Rühren bei kleiner Flamme einkochen lassen, bis die Masse zäh wie Honig ist. Heiß in Gläser verschließen.

Löwenzahn-Kaffee

Aus den Wurzeln kann ein Kräuterkaffee hergestellt werden. Dazu werden die Wurzeln klein gewürfelt und getrocknet. In einer Pfanne oder auf dem Backblech werden sie vorsichtig unter Umrühren geröstet und anschließend in einer Kaffeemühle fein gemahlen. Auf eine Tasse Wasser kommt 1 Teelöffel Pulver. Das Wasser mit dem Pulver kurz aufkochen, kurz ziehen lassen und absieben und eventuell mit Milch, Zimt und Honig verfeinern.

Löwenzahnsalat mit gebratenem Ziegenkäse

8 Tomaten in Scheiben, 2 hartgekochte Eier und 100 g junge Löwenzahnblätter in feine Streifen schneiden. Dressing aus 3 EL Olivenöl, 2 EL Senf, 1 TL Honig verrühren, mit etwas Salz und Pfeffer würzen und mit dem Salat vermischen. 200 g Ziegenkäse in Scheiben schneiden, in Mehl wenden und in heißem Öl kurz anbraten. Mit dem Salat servieren. Darüber kann man noch ein paar Löwenzahnblüten streuen.

Löwenzahnsuppe

Blätter, Stängel und Blüten des Löwenzahns (Menge nach Belieben), ½ Zwiebel, etwas Öl, 1 l Gemüsebrühe, etwas Lauch, 2 Karotten, eventuell noch andere Wildpflanzen, Salz, Pfeffer

Zwiebel klein schneiden und in Öl leicht andünsten, kleingeschnittene Löwenzahnblätter (und eventuell andere Wildkräuter) zugeben, kurz erhitzen, Lauch und Karotten klein schneiden, ebenfalls mitdünsten, mit dem Wasser ablöschen und ca. 15–20 Minuten köcheln lassen. Mit einem Pürierstab pürieren. Abschmecken.

Löwenzahngemüse

450 g junge Löwenzahnblätter, 2 Karotten, 200 g frische Champignons, 1 kleine Zwiebel, 1 Knoblauchzehe, Kräutersalz, Pfeffer, etwas Olivenöl

Die Löwenzahnblätter waschen und in breite Streifen schneiden; Karotten würfeln, Champignons in Scheiben schneiden, Zwiebeln klein schneiden. Die Zwiebeln und die Karotten in dem Olivenöl leicht anbraten, Knoblauch zugeben, kurz mitbraten, kleingeschnittenen Löwenzahn und die Champignons zugeben, 5 Minuten dünsten, abschmecken.

Nudelsalat mit Löwenzahn

250 g Nudeln, eine Handvoll Löwenzahnblätter, einige Löwenzahnblüten, 2 Tomaten, Himbeeressig, Olivenöl, 1 TL Senf, Salatgewürze, Salz, Pfeffer

Nudeln abkochen, abgießen und abkühlen lassen. Die Löwenzahnblätter waschen und grob zerkleinern, die Löwenzahnblüten abzupfen, Tomaten in Würfel schneiden und alles unter die Nudeln mischen. Aus Essig, Öl und Gewürzen die Salatsoße herstellen über die Nudeln gießen und vorsichtig vermischen. Mit Löwenzahnblüten garnieren.

Löwenzahn-Antipasti

2 Handvoll Löwenzahnknospen in 1 EL Olivenöl ca. 5 Minuten anbraten, bis sie Farbe bekommen. Mit 2 EL Weißwein ablöschen und mit 2 Prisen Stein- oder Meersalz würzen. Unter Rühren weiter köcheln lassen, bis die Flüssigkeit weg ist. Lauwarm oder kalt servieren.

Mädesüß

Fein im Duft, groß in der Wirkung

Lateinischer Name: Filipendula ulmaria

Weitere Namen: Rüsterstaude, Bacholde, Wiesenkönigin, Federbusch, Spierstrauch, Waldbart

Erkennungsmerkmale: Das echte Mädesüß wächst auf feuchten Wiesen, an Bachläufen oder an Uferrändern, da es feuchten Boden braucht. Es kann oft bis zu zwei Meter hoch werden. Das Mädesüß wächst meist in Gruppen, nur selten findet man eine einzelne Pflanze. Die Stängel sind leicht rötlich, und sie verzweigen sich erst im oberen Teil. Die Laubblätter sind dunkelgrün und haben an der Blattunterseite einen leichten Flaum. Die Blüten sind am Ende des Stängels, haben eine creme-weiße Farbe und blühen von Juni bis August. Sie verströmen insbesondere abends einen intensiven, honig- bis mandelartigen Geruch. Übrigens lieben Bienen, Hummeln und Schmetterlinge diese herrlich duftende Pflanze.

Inhaltsstoffe: Vitamin C, Mineralstoffe, ätherische Öle, Salicylsäure, Gerbstoffe, Flavonoide

Heilwirkung

In der heutigen Naturheilkunde hat das Mädesüß durchaus wieder an Bedeutung gewonnen. Die enthaltenen Salicylsäure-Verbindungen machen diese Pflanze so wertvoll. Das Mädesüß hat verschiedene Wirkungsweisen, die wichtigsten sind entzündungshemmend und fiebersenkend. Durch die enthaltene Salicylsäure wirkt die Pflanze auch schweißtreibend und zusammenziehend auf unsere Schleimhäute. Somit unterstützt sie uns bei allen Erkältungskrankheiten und vor allem auch bei Kopfschmerzen und Migräne. Weiter kann das Mädesüß bei Hauterkrankungen, bei unreiner Haut oder Schuppenflechte eingesetzt werden. Auch bei Muskelschmerzen, Arthrose oder sonstigen Gelenkschmerzen kann eine Salbe mit Mädesüß sehr hilfreich sein. Doch nicht nur die Salicylsäure macht das Mädesüß zu einem begehrten Heilkraut, sondern auch die enthaltenen Gerbstoffe.

Historisches

Laut Überlieferung war Mädesüß neben Eisenkraut und Wasserminze eine der drei heiligsten Pflanzen der Kelten. Sie wurde vermutlich zu Ehren der Götter zur Sommersonnenwende eingesetzt. Schon in der Antike war das Kraut als Heilmittel bekannt. Die Kelten nutzten es auch als Färbemittel für Stoffe. Und die Mönche in den Klöstern nutzten es, um ihren angesetzten Met zu verfeinern und haltbar zu machen. Hierher stammt eventuell auch der Name des Mädesüß (Met süß). Auch Wein und Bier wurden mit den Blüten vom Mädesüß verfeinert. Bereits die Germanen haben erkannt, dass Mädesüß Schmerzen lindert.

Auch Hildegard von Bingen verwendete das Kraut bei allerlei Beschwerden wie Husten, Erkältungserkrankungen und auch bei Epilepsie, und sie verwendete es für Umschläge, die bei Schmerzen aufgelegt wurden. Im Mittelalter machten die Kräuterfrauen daraus ein Süßungsmittel, indem sie es trockneten und anschließend zerrieben.

In der Ernährung

Das Kraut kann auf unterschiedliche Weise angewendet werden, z.B. als Tee, als Tinktur, als Badezusatz, als Zutat von Dampfbädern, als Kräuterwein oder auch pur. Die gebräuchlichste Anwendung in der Volksmedizin ist jedoch ein Tee, der vor allem bei Entzündungen, Schmerzen oder Erkältungsbeschwerden getrunken wird.

Am häufigsten verwendet wird das Kraut jedoch zur Aromatisierung von Getränken oder auch für die Herstellung von Sirup oder Gelee. Ideal sind die Blüten auch zum Verfeinern von Obstsalat. Die Blätter wiederum eignen sich hervorragend für Salate oder als Gewürz für Fisch- und Wildgerichte. Man kann die Blätter auch wie Spinat zubereiten.

Menschen mit einer Salicylsäure-Überempfindlichkeit sowie Asthmatiker und Schwangere sollten auf den Genuss von Mädesüß verzichten.

Blütensirup

2 Mädesüß-Blüten-Stängel, 4 Holunderblütendolden, 1 kg Zucker, Saft von 4 Zitronen, 1 l Wasser

Wasser zusammen mit Zitronensaft und Zucker aufkochen, abkühlen lassen. Die Blüten zum Zuckerwasser geben, alles abgedeckt bei Zimmertemperatur 48 Stunden ziehen lassen, ab und zu umrühren. Danach die Blüten absieben, nochmals aufkochen und in Flaschen abfüllen. Flaschen sofort verschließen. Der Sirup ist verdünnt mit Mineralwasser und Eiswürfeln im Sommer ein sehr erfrischendes Getränk. Im Winter kann man ihn als Süßungsmittel zum Tee trinken.

Mädesüßtinktur

Mädesüßblüten und Mädesüßblätter, 40 % iger Alkohol (zum Beispiel Korn oder Wodka)

Die Blüten und Blätter etwas zerkleinern, in ein Schraubglas geben, mit dem Alkohol übergießen, sodass alle Pflanzenteile bedeckt sind. Mindestens 4 Wochen stehen lassen und ab und zu schütteln. Danach alles durch ein Tuch filtern und in dunkle Flaschen füllen. Dunkel aufbewahren. Die Tinktur ist ideal zum Einreiben bei Gelenk- oder Muskelschmerzen. Die Tropfen helfen aber auch bei Spannungskopfschmerzen oder bei beginnender Erkältung.

Mädesüßkuchen

Mürbteig: ***250 g Mehl, 125 g Butter, 60 g Zucker, 1 Ei, 1 EL Vanillezucker, 1 Prise Salz***

Für die Füllung: ***4 Eier, 100 g Butter, 250 g Quark, 200 g saure Sahne, 125 g gemahlene Haselnüsse, 80 g Honig, 100 g Zucker, 1 kleine Orange, etwa 6 Stängel Mädesüßblüten, 1 Päckchen Vanillepuddingpulver, 4 EL Quittengelee (kann auch jedes andere Gelee sein)***

Alle Zutaten für den Teig in eine Schüssel füllen und rasch verkneten; eine Kugel formen und 30 Minuten kühl stellen. Anschließend auswellen und eine Springform damit auslegen (26 cm).

Die Mädesüßblüten abzupfen und etwas klein schneiden. Die Eier trennen, das Eiweiß zu Schnee schlagen, dabei den Zucker langsam einrieseln lassen, zur Seite stellen. Die Butter in der Küchenmaschine mit dem Rührbesen schaumig schlagen, Eigelb unterrühren, dann Quark, Nüsse, Vanillepuddingpulver, Honig und die kleingeschnittene Orange unterrühren. Zum Schluss die kleingeschnittenen Mädesüßblüten und den steif geschlagenen Eischnee unterheben. Die Füllung auf den Mürbteig geben.

Bei 180 °C ca. 50 Minuten backen. Kuchen aus dem Ofen nehmen und noch heiß mit dem Gelee bestreichen und mit Mädesüßblüten bestreuen. Den Kuchen abkühlen lassen und erst dann aus der Form nehmen.

Mädesüßcreme mit Himbeersoße

275 ml Mädesüßsirup, 400 g Frischkäse, 4 Blatt weiße Gelatine, 500 g Himbeeren

Gelatine in kaltem Wasser einweichen, bis sie weich ist. 150 ml Sirup leicht erwärmen, die Gelatine ausdrücken und in dem warmen Sirup auflösen. Den Frischkäse mit dem Rührgerät aufschlagen, dann die Sirup-Gelatine-Mischung langsam einlaufen lassen. Die Mischung in Gläser füllen und kalt stellen.

250 g Himbeeren und 125 ml Sirup im Topf aufkochen, mit einem Pürierstab zerkleinern und ebenfalls kalt stellen. Beim Anrichten entweder die Himbeersoße über die Frischkäsemischung geben oder auf einen Teller stürzen und die Himbeersoße über und neben der Creme verteilen; mit frischen Himbeeren garnieren.

Schafgarbe

Die Augenbraue der Venus

Lateinischer Name: Achillea millefolium. Der botanische Gattungsname Achillea leitet sich von dem griechischen Helden Achilles ab, welcher der Legende nach mithilfe dieser Pflanze einst seine Wunden behandelt haben soll.

Weitere Namen: Allheilkraut, Gotteshand, Frauenkraut, Gotteskraut, Tausendblatt oder Schafzunge

Die Schafgarbe war 2004 Heilpflanze des Jahres, und das zu Recht, denn dieses Kraut hat es in sich. Dies verrät auch schon der Name »garbe«, der sich von dem althochdeutschen »garwe« ableitet, was so viel wie »Gesundmacher« heißt.

Erkennungsmerkmale: Die Schafgarbe ist eine mehrjährige Pflanze. Sie wird oft bis zu 60 cm hoch. Auffallend ist das Wurzelwerk, welches sich unterirdisch verbreitet und oft bis zu einem Meter lang wird. Die feinen Blätter, die einer Feder ähneln, kommen im Frühjahr direkt aus der Wurzel. Später kommt der Blütenstiel, an dem wieder Blätter wachsen. Die Blüten sind in der Regel weiß oder rosa gefärbt. Die Blütezeit der Schafgarbe liegt zwischen Ende Mai und Oktober.

Inhaltsstoffe: Gerbstoffe, Flavonoide, ätherisches Öl, Bitterstoffe und antibiotische Substanzen

Heilwirkung

In der Volksmedizin werden oberirdische Teile der Schafgarbe wie Stängel, Blätter und die Blüten genutzt. Sie können als Tee, Bäder, Tinktur oder auch Salbe verarbeitet werden. Schafgarbe wirkt gallenflussanregend, antibakteriell, zusammenziehend und krampflösend. In der Volksmedizin kennt man die Schafgarbe vor allem als altbewährtes Frauenheilkraut – »Schafgarb im Leib tut wohl jedem Weib«, sagte Pfarrer Sebastian Kneipp. Bei krampfartigen Schmerzen etwa bei der Menstruation kann man sowohl Sitzbäder machen, als auch Schafgarbentee zu sich nehmen. Für ein Sitzbad zwei Handvoll Schafgarbenblüten mit 2 Liter Wasser aufkochen, 20 Minuten ziehen lassen und dem Badewasser zufügen.

Zudem hat Schafgarbe Einfluss auf die Seele. Sie ist beruhigend und hilft bei wetterbedingten Kopfschmerzen und Migräne. Auch bei Erkältungskrankheiten ist ein Dampfbad mit Schafgarbe wohltuend. Da die Schafgarbe schleimlösende ätherische Öle hat, wirkt sich dies beim Dampfbad auf die Schleimhäute aus. Selbst bei Hämorrhoidenbeschwerden kann ein Sitzbad unterstützend helfen.

Auch für die Blutstillung und Wundheilung kann Schafgarbe angewendet werden. Die enthaltenen Gerbstoffe haben eine zusammenziehende Wirkung, was bei der Wundheilung förderlich ist. Ebenso ist sie juckreizlindernd, was bei Insektenstichen sehr hilfreich ist.

Historisches

Schafgarbe ist als Heilpflanze schon seit dem Altertum ein Begriff. Schriftliche Überlieferungen und archäologische Funde lassen darauf schließen, dass die Pflanze im antiken Griechenland eine große Rolle gespielt hat. Zu jener Zeit waren es vor allem die blutstillenden Eigenschaften des Krautes, die u.a. bei Verletzungen von Soldaten im Feld eingesetzt wurden.

Auch in den Kräuterbüchern des Mittelalters und der frühen Neuzeit war die Schafgarbe aus der Kräuterheilkunde nicht wegzudenken. Hildegard von Bingen empfahl sie bei der unterstützenden Behandlung von Geschwüren und Wunden. Auch im Kräuterbuch von Matthioli galt Schafgarbe als Wundkraut, das im täglichen Gebrauch ist. Darüber hinaus nutzte man die Heilpflanze bei der Linderung von Frauenbeschwerden.

In der Ernährung

Die Schafgarbe hat einen sehr würzigen Geschmack und eignet sich daher vor allem als Zutat für Kräutersalze, Nudelteig, Kräuterbutter, Brotaufstriche oder Gewürzessig. Verwenden sollte man dafür die jungen, zarten Blätter. Aber auch im Salat oder zu Gemüsegerichten passt Schafgarbe als Würzkraut dazu. Einfach zarte Blätter und auch Blüten fein geschnitten in den Salat oder zum Mischgemüse dazu geben. Weiter eignen sich die Blüten zum Aromatisieren von Getränken und zum Herstellen von Kräuterlimonaden.

Rezepte

Schafgarben-Limonade

1 Handvoll Schafgarbenblüten, 1 Zitrone unbehandelt, 125 g Zucker, 1 l Wasser

Die Blüten kurz abspülen. Den Zucker im Wasser auflösen. Die Blüten zusammen mit der in Scheiben geschnittenen Zitrone zufügen und alles über Nacht ziehen lassen. Gut gekühlt servieren.

Schafgarben-Tee

Zu Heilzwecken wird häufig ein Schafgarbentee mit trockenem oder frischem Kraut bereitet. Einen Teelöffel Schafgarbenkraut mit 200 ml kochendem Wasser übergießen und 5–10 Minuten ziehen lassen. Die Dosis sollte drei Tassen am Tag nicht übersteigen und kurmäßig nicht länger als vier Wochen eingenommen werden.

Schafgarbenlikör

Mehrere Blüten der Schafgarbe sowie 1 l Wodka und 250 g Kandiszucker, eventuell etwas Vanille

Die Blütenköpfe und den Kandiszucker in ein Schraubglas oder in eine größere Flasche geben, mit dem Wodka aufgießen (Blüten müssen alle bedeckt sein), an einen hellen Platz stellen und mindestens 2 Wochen ziehen lassen. Täglich einmal schütteln. Nach 2 Wochen absieben und in dunklen Flaschen aufbewahren. Hilft bei Magen-Darm-problemen oder Menstruations- und Wechseljahresbeschwerden.

Schafgarbentaschen

Für den Teig: ***500 g Dinkelmehl, ¼ l Milch, ½ Würfel Hefe, 4 EL Öl, 1 TL Salz, 2 EL kleingeschnittene Schafgarbenblätter, 1 TL Leinöl, 1 Ei***

Für die Füllung: ***50 g Schafgarbenblätter, 1 kleine Zwiebel, 1 kleiner Knoblauch, 200 g Frischkäse, 1 TL Kräutersalz, Pfeffer***

Aus den Zutaten für den Teig einen Hefeteig zubereiten, zu einer Kugel formen und 1 Stunde gehen lassen. In der Zwischenzeit die Füllung herstellen. Dazu die Schafgarbenblätter, die Zwiebel und den Knoblauch fein hacken, alles zum Frischkäse geben und mit Kräutersalz und Pfeffer abschmecken.
Den aufgegangenen Hefeteig nochmals durchkneten, in zwei Portionen teilen und jede Portion zu einer runden Platte ausrollen. Die Platte in Dreiecke schneiden (wie bei einem Kuchen), auf die dickere Seite des Dreiecks einen Löffel Füllung geben, und zu einem Hörnchen aufrollen, auf ein Backblech geben und mit Ei bestreichen. Bei 180 °C etwa 25 Minuten backen.

Schafgarbenbutter

250 g Butter, 3–4 EL kleingehackte Schafgarbenblätter, 1 TL Kräutersalz, Pfeffer

Die fein gehackten Schafgarbenblätter in die weiche Butter rühren, mit Kräutersalz und Pfeffer abschmecken. Butter zu einer Rolle formen, in Frischhaltefolie wickeln und kaltstellen. Ist besonders lecker auf frisch gebackenem Brot und natürlich zu Grillgemüse oder Fleisch.

Schafgarbenbalsam

65 g Kokosöl, 65 g Sheabutter (wer will, kann auch einfach nur 130 g Butterschmalz nehmen), 1 Handvoll frische Schafgarbenblüten und kleine Schafgarbenblättchen, 12 g Bienenwachs, kleine Dosen oder Gläser

Das Kokosöl und die Sheabutter in einem kleinen Topf erwärmen; die klein geschnittene Schafgarbe zugeben, kurz erhitzen und auf kleiner Stufe 2 Stunden ziehen lassen, danach durch ein Baumwolltuch sieben, Bienenwachs zugeben, warten, bis das Bienenwachs geschmolzen ist, und sofort in Salbenbehälter abfüllen. Erkalten lassen. Erst wenn die Salbe ganz kalt ist, mit dem Deckel verschließen. Kühl lagern. Die Salbe wirkt entzündungshemmend, keimhemmend, straffend und festigend. Ideal auch bei Akne und unreiner Haut.

Spitzwegerich

Wiesenpflaster und Schleimlöser

Lateinischer Name: Plantago lanceolata (lat. planta Fußsohle und Pflanze und lat. agere bewegen). Das Wort Wegerich stammt aus dem Althochdeutschen von wega (Weg) und rih (König) und bedeutet König des Weges.

Weitere Namen: Spießkraut, Lungenblatt, Schafzunge, Wundwegerich, Heilwegerich, Rossrippe, Aderblatt, Rippenkraut, Wegtritt, Schlangenzunge, Spitz-Wegeblatt, Siebenrippe

Erkennungsmerkmale: Der Spitzwegerich ist bei uns sehr häufig anzutreffen. Er wächst an fast allen Wegrändern, auf Wiesen, an Waldrändern und auf Äckern. Man erkennt ihn an seinen schmalen, lanzenartigen, ungestielten Blättern. Das Blatt hat sieben Blattrippen, die parallel vom Blattanfang bis zur Blattspitze verlaufen. Lässt man ihn wachsen und mäht ihn nicht ab, kann er bis zu 50 cm hoch werden. Seine Wurzeln reichen bis zu 60 cm tief in den Boden. Die Pflanze ist sehr ausdauernd und winterhart. Allerdings legt sie im Winter ihre Blätter flach an den Boden. Erst im Frühjahr stellen sich diese wieder auf. Blütezeit ist von Mai bis September.

Inhaltsstoffe: Schleimstoffe, Gerbstoffe, Bitterstoffe, Aucubin, Kieselsäure, Glycoside, ätherisches Öl

Heilwirkung

In den letzten Jahren gewann der Spitzwegerich in der Volksmedizin wieder mehr an Bedeutung. Dies liegt an seinen wertvollen Inhaltsstoffen und an der Vielfältigkeit der Anwendung. Er wird angewendet bei Insektenstichen, Verbrennungen, Brennnesselquaddeln, Schwellungen und Verstauchungen. Auch bei kleineren Wunden oder Schnittverletzungen kann der gepresste Spitzwegerich aufgetragen werden; daher kommt wohl auch der Name »Wiesenpflaster« oder »Wundwegerich«. Innerlich angewendet ist der Spitzwegerich bei vielen auch als Hustensirup bekannt. Er hilft durch seine enthaltenen Schleim- und Gerbstoffe bei grippalen Infekten und allen Erkrankungen der Atemwege. Außerdem soll er die körpereigenen Abwehrkräfte stärken. Der frisch gepresste Pflanzensaft kann auch bei Verdauungsproblemen, Darmentzündungen oder Magenschmerzen eingenommen werden.

Historisches

Spitzwegerich war schon in der Geschichte als Heilpflanze bekannt. Die Heilwirkungen der Pflanze sind seit vielen Jahrhunderten bekannt, und es ranken sich etliche Mythen um das Kraut. So soll der griechische Arzt Dioskurides in der Antike Spitzwegerich in Wasser und Wein gekocht bei Fiebererkrankungen verabreicht haben. Hildegard von Bingen nutzte die Pflanze zur Herstellung eines Tranks, den sie gegen Gicht verordnete. Auch stellte sie aus den Wurzeln ein Pulver her, das Gift und selbst Liebeszauber abwehren sollte. Das wusste wahrscheinlich auch Shakespeare. Er bezeichnete den Spitzwegerich in seinen Dramen als »plantain«, ein Heilmittel gegen Hautverletzungen und Wunden. Die ältere Generation in Deutschland wird sich erinnern, dass die Pflanze während des Zweiten Weltkriegs zahlreichen Soldaten bei der Wundheilung half. Auch diente sie in Kriegszeiten als Nahrungsmittel.
Der legendäre Schweizer Kräuterpfarrer Johann Künzle schreibt: »Den Wegerich hat der liebe Gott an alle Wege gestreut, in alle Wiesen und Raine gesetzt, damit wir ihn stets bei der Hand haben; denn er ist unstrittig das erste, beste und häufigste aller Heilkräuter«.

In der Ernährung

Da der Spitzwegerich sehr vielseitig ist, kann er auch in der Küche vielseitig angewendet werden. Sehr gut schmeckt er in Suppen, Smoothies, Salaten, zu Gemüse oder als Gewürz zu vielen Speisen. Eine gute, gesunde Zugabe ist er zu Spinat oder Kräutersoßen. Die Blüten schmecken sehr nussig. Sie können frisch gegessen werden oder in Öl eingelegt zum Grillgemüse zugegeben werden. Die jungen Blüten kann man als Champignonersatz einsetzen. Die Samen können auch in einer Pfanne leicht angeröstet werden und zu Gemüse oder in einen Brotteig gegeben werden.

Rezepte

Spitzwegerich-Tee

Für eine Tasse Tee 3–5 frische oder einen EL getrockneter Blätter mit kochendem Wasser übergießen und 10 Minuten ziehen lassen. Der Tee ist gut bei Erkältungen oder Husten.

Spitzwegerichsaft (Hustensaft)

Frische Spitzwegerich-Blätter, Wasser, Honig

Blätter zuerst klein schneiden, etwas Wasser zu den Blättern hinzugeben, im Mörser zerreiben, alles erhitzen, nicht kochen, ca. 15 Minuten ziehen lassen, Honig hinzugeben, erhitzen, bis der Honig geschmolzen ist, danach in dunkle Flaschen abfüllen.

Spitzwegerichsalat

1 kleiner Kopfsalat, 100 g Spitzwegerichblätter, 100 g Brennnesselblätter, eine Handvoll Giersch, 1 Zwiebel, ½ Bund Radieschen, 1 Karotte, 2 gekochte Eier, Essig, Öl, Senf, Salz, Pfeffer

Den Spitzwegerich und die Brennnesselblätter kurz in kochendes Wasser geben, abgießen und abkühlen lassen. Alle Kräuter klein schneiden, Kopfsalat zerkleinern und waschen, gut abtropfen lassen, Zwiebel fein würfeln, Radieschen in Scheiben schneiden, Karotte klein würfeln. Die Eier in Scheiben schneiden. Essig, Öl und die Gewürze mischen und mit dem Salz und den Kräutern vermengen. Zum Schluss mit den Eiern garnieren.

Wildkräuteressig

750 ml Apfelessig, Wildkräuter wie z.B. Spitzwegerich, Schafgarbe, Gundermann und Kriechender Günsel

Eine Flasche mit einem guten Apfelessig füllen, verschiedene Wildkräuter in die Flasche geben, mindestens 3 Wochen ziehen lassen.

Spitzwegerich-Brennnesselsuppe

40 g Spitzwegerichblätter , 40 g Brennnesselblätter, 1 Zwiebel, 1 kleine Knoblauchzehe, 500 ml Milch, 500 ml Wasser, 2 EL Mehl, 2 EL Butter, 1 EL Zitronensaft

Kräuter waschen, Spitzwegerich und Brennnesselblätter klein schneiden, Kräuter in etwas Wasser 10 Minuten weichkochen, Wasser abgießen und auffangen, Butter in einem Topf schmelzen, klein geschnittene Zwiebel und klein geschnittenen Knoblauch kurz anschwitzen, Mehl dazugeben, dieses auch kurz anschwitzen, die Milch und das Kräuter-Kochwasser mit einem Schneebesen unterrühren, aufkochen und zum Schluss die Kräuter unterrühren, jetzt nicht mehr kochen lassen. Mit Zitronensaft, Salz, Muskat und Pfeffer abschmecken. Die Suppe passt gut zu frischem Kräuter- oder Knoblauchbaguette.

Spitzwegerich-Salbe

100 ml Spitzwegerich-Ölauszug, 10 g Bienenwachs, Salbendose

Die Salbe wird in zwei Arbeitsschritten hergestellt. Zunächst bereitet man einen Ölauszug zu, woraus dann die Salbe gerührt wird.

Ölauszug: ***frische Spitzwegerichblätter, die nicht mehr feucht von Tau oder Regen sein sollten, Olivenöl***

Spitzwegerichblätter kleinschneiden und in das Schraubglas geben. Mit Olivenöl auffüllen, sodass alle Blätter bedeckt sind. Glas verschließen und unter täglichem Schütteln für zwei Wochen bei Zimmertemperatur ziehen lassen. Das Öl durch ein Sieb gießen, wiegen und in einen kleinen Topf geben.

Pro 100 ml Öl-Auszug 10 g Bienenwachs zugeben, im Wasserbad erhitzen, bis das Wachs schmilzt. Mit einem Holzlöffel oder -stäbchen verrühren. Um die Konsistenz der Salbe zu testen, eine Probe entnehmen und auf einem Teller erkalten lassen. Sollte die Salbe zu fest sein, noch etwas Öl hinzugeben; wenn sie zu weich ist, noch etwas Bienenwachs. In kleine desinfizierte Gläser oder Salbendosen abfüllen, beschriften und kühl aufbewahren.

Vogelmiere

Ganzjährige Powerpflanze

Lateinischer Name: Stellaria media

Weitere Namen: Hühnerdarm, Hühnermiere, Mäusedarm, Vogelkraut, Vogelbiss

Da Vögel das Kraut extrem gerne fressen und da sich vor allem Hühner um das Kraut streiten, bekam es seine weiteren Namen.

Erkennungsmerkmale: Die Vogelmiere ist sehr anpassungsfähig und ist daher fast überall zu finden. Sie verbreitet sich wie ein Netz auf ganzen Gartenbeeten oder Wiesenflächen. Sie wächst sogar unter dem Schnee. Man erkennt sie gut an ihren kleinen weißen Blüten und an den ovalen, spitzen Blättern. Am Stängel ist eine feine Haarreihe zu erkennen. Zieht man den Stängel vorsichtig auseinander, erscheint im Inneren des Stängels ein feiner Faden.

Inhaltsstoffe: Vitamin A, B und C, Eisen, Flavonoide, Kalium, Kalzium, Kieselsäure, Magnesium, Saponine, Schleimstoffe, Zink

Verwechslungsmöglichkeiten

Die Vogelmiere kann mit dem leicht giftigen Acker-Gauchheil verwechselt werden, dieser hat jedoch nicht die typische Haarreihe wie die Vogelmiere. Ebenso könnte man sie mit der Sternmiere verwechseln.

Vogelmiere

Acker-Gauchheil ☠

Acker-Gauchheil ☠

Echte Sternmiere

Heilwirkung

Die Vogelmiere ist ein wertvolles Heilmittel, welches gegen vielerlei Leiden eingesetzt wird. In der Volksheilkunde wird sie wegen seiner blutbildenden Wirkung geschätzt. Sie soll sich anregend auf die Verdauung auswirken. Weiter hat sie eine positive Wirkung bei Rheuma und bei der Blutreinigung; sie soll den Cholesterinspiegel senken und ist gut für die Nieren und die Blase. Kurzum: Sie hilft unserem Körper sich zu reinigen und zu stärken. Äußerlich soll sie bei Verbrennungen, Hautentzündungen, leichten Wunden und starkem Juckreiz helfen. In der Homöopathie wird sie bei rheumatischen Beschwerden und bei Leberbeschwerden eingesetzt.

Historisches

Schon Pfarrer Johannes Kneipp empfahl die Vogelmiere als schleimlösendes Mittel bei Lungenleiden, Husten, aber auch bei Hämorrhoiden. Die Vogelmiere wird schon seit der Steinzeit von den Menschen genutzt. Schon die Germanen schätzten dieses Kraut bei Krankheiten und setzten es als Stärkungsmittel ein. Ihr werden beschützende, liebende, und anziehende Eigenschaften zugeschrieben. Nicht umsonst hat man früher, um einen Partner an sich zu binden, eine Vogelmiere bei sich getragen.

In der Ernährung

Man kann alle Teile der Pflanze verwenden: die Blätter, Stängel und auch die Blüten, sogar die Knospen und Samen. Aufgrund des milden, erbsenähnlichen Geschmacks verwendet man die Miere für Salate, Suppen oder auch als Wildgemüse. Am besten schmecken die feinen Blätter im Frühjahr, dann haben sie auch den höchsten Gehalt an wertvollen Inhaltsstoffen. Außerdem passt sie sehr gut als Zutat zu Kräuterbutter, Kräuterquark, Pestos, Spinat oder Smoothies. Oder man streut sie kleingeschnitten einfach aufs Butterbrot. Zudem passt sie hervorragend zu grünen Smoothies. Sie ist mild und ganzjährig frisch verfügbar.

Rezepte

Achtung! Nicht zu viel Vogelmiere konsumieren, da es sonst zu Übelkeit und Erbrechen kommen kann! Nicht in der Schwangerschaft verwenden!

Vogelmiere-Rucola-Pesto

100 g Vogelmiere, 25 g Rucola, 60 g Sonnenblumenkerne, ½ TL Salz, 1 Prise Pfeffer, ½ TL Knoblauchsalz, 175 g Olivenöl

Alle Zutaten in den Mixer geben, fein pürieren und im Kühlschrank aufbewahren.

Vogelmiere-Tee

2 Handvoll Vogelmiere mit ¼ l kochendem Wasser übergießen und 10 Minuten ziehen lassen. Der Tee hilft bei Rheuma und bei Blasen- oder Harnwegsinfektionen.

Brotaufstrich

1 Handvoll frische Vogelmiere, 150 g Joghurt, 100 g Frischkäse, 3 Radieschen, 1 TL Senf, Kräutersalz, Pfeffer

Radieschen und Vogelmiere klein schneiden und mit den anderen Zutaten mischen.

Vogelmiere-Omelett

50 g Vogelmiere, 2 Stängel Frühlingszwiebeln, 100 g Dinkelmehl, 1 EL Backpulver, 3 Eier, 40 g flüssige Butter, ½ TL Salz, ½ TL Paprika, 150 ml Milch, 4 EL Öl, 100 g Schmand

Vogelmiere und Frühlingszwiebeln klein schneiden. Eier, Schmand, Milch und die flüssige Butter mischen, nach und nach das mit dem Backpulver vermischte Mehl unterrühren. Gewürze, Vogelmiere und Frühlingszwiebeln zum Teig geben. In einer Pfanne das Öl erhitzen und darin die Omeletten ausbacken. Ergibt ca. 4 Stück.

Wildkräuter-Lachsrolle

2 Handvoll Vogelmiere, 2 Handvoll Wildkräuter (Schafgarbe, Giersch, Knoblauchsrauke, Brennnessel), 250 g Frischkäse, 3 Eier, 200 g geriebener Käse, 200 g TK-Spinat, 200 g Räucherlachs in Scheiben, Salz, Pfeffer

Aufgetauten Spinat mit den Eiern mischen und auf einem mit Backpapier ausgelegten Backblech verteilen. Den geriebenen Käse darüber streuen und bei 180 °C backen. Wenn der Käse leicht braun wird, aus dem Ofen nehmen, erkalten lassen. Zwischenzeitlich die Vogelmiere und die Wildkräuter waschen, fein hacken, mit dem Frischkäse und den Gewürzen mischen, auf die kalte Spinat-Käserolle verteilen, darauf den Lachs legen und zu einer Rolle formen. Mindestens 8 Stunden im Kühlschrank lassen.
Dazu passt ein Frühlings-Kräutersalat.

Wildkräuter-Nudelgratin

300 g Nudeln (Bandnudeln), 250 g Quark, 100 ml Milch, 1 TL gekörnte Brühe, 2 Eier, 1 Zwiebel, 100 g Käse, Salz, Pfeffer, Muskat, 3 Handvoll Wildkräuter (Vogelmiere, Brennnessel, Giersch, Bärlauch)

Nudeln abkochen, Kräuter klein schneiden und mit allen anderen Zutaten vermischen, zum Schluss die abgekochten Nudeln zugeben, in eine gefettete Auflaufform geben und bei 180 °C ca. 20 Minuten überbacken.

Vogelmiere-Farbenzopf

400 g Mehl, 100 g Weichweizengrieß, 300 ml kaltes Wasser, 1 Prise Zucker, 20 g Hefe, 1 TL Salz, 4 Handvoll kleingeschnittene Vogelmiere, 1 EL Tomatenmark

Mehl, Grieß, Hefe, Zucker, Salz und das Wasser in einer Küchenmaschine zu einem glatten Teig verkneten. 30 Minuten gehen lassen. Den Teig in drei gleich große Teile teilen. In einen Teil die Vogelmiere kneten, in einen Teil das Tomatenmark. Aus den drei verschieden farbigen Teigen drei Stränge formen und zu einem Zopf flechten. Den Zopf auf ein mit Backpapier ausgelegtes Blech legen und nochmals 30 Minuten gehen lassen.
Im vorgeheizten Backofen bei 180 °C ca. 30 Minuten backen.

Waldmeister

Der Meister aller Düfte des Waldes

Lateinischer Name: Galium odoratum

Weitere Namen: Wohlriechendes Labkraut, Frauenbettstroh, Waldelfenkraut, Waldmutterkraut, Waldtee, Walpurgiskraut

Erkennungsmerkmale: Da der Waldmeister ein sehr charakteristisches Aussehen hat, kennen ihn die meisten Menschen. Man findet ihn meist an Waldrändern, in lichten Wäldern, aber auch an schattigen Plätzen in Parks oder Gärten. Meist findet man einen ganzen »Waldmeister-Teppich«, da sich die Pflanze über Selbstaussaat der Samen und über ein Wurzelgeflecht vermehrt.

An den dünnen, vierkantigen Stängeln sitzen die spitz zulaufenden Blätter, die wie eine Rosette um den Stiel angeordnet sind. Wenn er blüht, von April bis Mitte Mai, erkennen wir ihn auch sehr gut an seinen vielen kleinen weißen Blüten am Ende des Stieles. Sein typischer Geruch ist auch den meisten bekannt. Wer allerdings denkt, dass er am eben gepflückten Waldmeister den Duft riechen kann, der wird enttäuscht sein. Denn das im Waldmeister enthaltene Cumarin, das für den Geruch verantwortlich ist, entfaltet sich erst, nachdem die Pflanze angetrocknet ist.

Inhaltsstoffe: Cumarin, Bitterstoffe, Gerbstoffe

Verwechslungsmöglichkeiten

Im nicht blühenden Zustand mit anderen Labkrautarten. Die Blätter des Waldmeisters sind jedoch breiter als die der anderen Labkräuter. Sie fühlen sich weicher an, und der Waldmeister blüht früher als die anderen Labkräuter.

Waldmeister

Echtes Labkraut

Heilwirkung

In der Volksmedizin wird Waldmeister auch als Frühjahrskur für das »müde Herz«, als Mittel gegen Migräne oder bei Menstruationsbeschwerden verwendet. Er gilt als beruhigend und krampflösend, blutreinigend und antiseptisch. Er soll auch harntreibend sein, was bei einer Frühjahrskur unterstützend helfen kann, um den Körper zu reinigen. Allerdings muss man wissen, dass Waldmeister auch eine gefäßerweiternde Wirkung hat.

Auch ist gut zu wissen, dass der in ihm enthaltene Aromastoff Cumarin in zu hohen Dosen giftig ist – Kopfschmerzen, Schwindel und Erbrechen können die Folge sein. Deshalb ist seit 1974 die Aromatisierung von Getränken oder Süßwaren für Kinder mit echtem Waldmeister verboten.

Der Duft des Waldmeisters vertreibt übrigens Motten aus Kleiderschränken, wenn man einen frischen Strauß hineinhängt.

Historisches

Die Germanen weihten den Waldmeister der Göttin Freya, welche für Familie und Fruchtbarkeit steht. Er galt in alter Zeit als segensreiches Heilkraut, welches wegen seiner beruhigenden Wirkung bei Schlafstörungen eingesetzt wurde. Traditionell schrieb man ihm eine nervenstärkende, verdauungsfördernde und herz- und leberstärkende Wirkung zu. Er wurde auch bei Kopfschmerzen und Migräne eingesetzt.

Weiter galt er im Altertum als aphrodisierend und berauschend, was mit Sicherheit am enthaltenen Cumarin lag. Zur Normalisierung des Menstruationszyklus sowie bei Entzündungen der Gebärmutter kam er in der Frauenheilkunde zum Einsatz; man nannte ihn deshalb auch Waldmutterkraut. Überliefert ist die äußerliche Anwendung bei Entzündungen im Altertum.

Übrigens erfand der Benediktinermönch Wandalbertus aus dem Kloster Prüm in der Eifel im Jahre 854 die Waldmeisterbowle, den typischen Maiwein, der Herz und Leber stärken soll. Der Benediktinermönch schrieb die schönen Worte: »Schütte den perlenden Wein auf das Waldmeisterlein«. Die berauschende Wirkung des Getränks sollte ebenso wie der Tanz in den Mai, der seit dem 12. Jahrhundert gefeiert wird, die Liebesbereitschaft steigern.

In der Ernährung

Waldmeister lässt sich in vielen Varianten in der Küche anwenden. Seinen Duft kann man gut konservieren, indem man Sirup herstellt. Aber auch in Desserts, Eis oder in Likören ist er gut aufgehoben. Waldmeister-Limonade schmeckt auch Kindern (aber nicht zu viel davon trinken!) Selbst zu Spargel oder zu Geflügel kann man ihn als Aroma mitverarbeiten. Auch in Gebäck wie Kuchen und Torten ist er sehr beliebt. Nicht zuletzt natürlich in der bekannten Waldmeister-Bowle.

Rezepte

Waldmeister-Tee

2 TL getrocknetes Waldmeisterkraut, 1 Tasse Wasser

Das kochende Wasser über das Kraut gießen und ca. 10 Minuten zugedeckt ziehen lassen und abfiltern. Wer mag, kann ihn ein wenig mit Honig süßen.

Maibowle mit Waldmeister

Alkoholische Variante: *500 ml trockener Weißwein, 250 ml trockener Sekt, 2 EL Zucker, 1 Päckchen Vanillezucker, 5 Stängel frischer Waldmeister (alternativ 3 getrocknete), 1 Stängel Minze, 1 Stängel Zitronenmelisse, 2 Bio-Zitronen, Blätter der verwendeten Kräuter zur Dekoration*

Sekt im Kühlschrank kühl stellen und dünne Zitronenscheiben einfrieren. Beide Zucker im Wein auflösen. Das Kräuterbündel so in den Wein hineinhängen, dass der Stängelanschnitt des Waldmeisters die Flüssigkeit nicht berührt. Er sondert sonst zu viele Bitterstoffe ab. Die Kräuter sollten 30 Minuten oder bis zu zwei Stunden einziehen. Nach dem Entfernen der Kräuter den Wein im Kühlschrank kühlen. Erst beim Servieren den kalten Sekt, die gefrorenen Zitronenscheiben und dekorative Blätter zugeben.

Für eine alkoholfreie Variante den Wein durch Apfel- oder Orangensaft ersetzen und anstelle des Sekts Mineralwasser verwenden. Für eine süßere Variante ist Zitronenlimonade eine Alternative.

Waldmeistersirup

100 g Waldmeister (frisch), 350 g Zucker, 4 Zitronen (Bio), 300 ml Wasser

Den Waldmeister gut waschen, trocken schütteln und mehrere Stunden (am besten über Nacht) welken lassen. Zitronen waschen. Die Schale zweier Zitronen dünn abschälen, alle Zitronen auspressen. Saft in einen Messbecher schütten und mit Wasser auf 400 ml auffüllen. Flüssigkeit mit Zucker und Zitronenschale aufkochen, Waldmeister dazugeben und 5 Minuten köcheln lassen. Abdecken und ca. 4 Stunden ziehen lassen. Mischung durch ein feines Sieb gießen. Die Blätter gut ausdrücken. Den Waldmeistersirup noch einmal aufkochen und in kleine Flaschen abfüllen, sofort verschließen.

Waldmeister-Tiramisu mit gemischten Früchten

Für das Tiramisu: ***20 Stängel Waldmeister, 200 g Mascarpone, 200 g Quark, 100 ml Honig, 50 ml Espresso (kalt), 2 EL Waldmeisterlikör oder Waldmeistersirup (nach Geschmack), Löffelbiskuit, verschiedene Beeren (Erdbeeren, Brombeeren, Himbeeren, Johannisbeeren)***

Zum Garnieren: ***Waldmeisterblüten***

Für das Waldmeister-Tiramisu die Stängel des Waldmeisters entfernen. Den Waldmeister hacken, mit dem Honig in eine Schüssel geben und zu einem Püree mixen. Waldmeisterpüree mit Mascarpone und Quark mischen, mit dem Saft einer Zitrone würzen. Eine kleine Auflaufform mit Löffelbiskuit auslegen und sie mit Waldmeisterlikör und Espresso beträufeln. Die Hälfte der Waldmeister-Mascarpone-Masse auf die Löffelbiskuits aufstreichen. Nochmals Löffelbiskuits auflegen und mit Espresso beträufeln, darauf nochmals die restliche Waldmeister-Mascarpone-Masse verteilen. Die Hälfte der Beeren erhitzen und pürieren und vor dem Servieren auf dem Tiramisu verteilen. Die restlichen Beeren und die Waldmeisterblüten zum Garnieren verwenden.

Waldmeister-Götterspeise mit Vanillesoße

1 Bund Waldmeister, 500 ml Apfelsaft, 1 Päckchen gemahlene Gelatine, 4 EL Waldmeistersirup, 250 ml Milch, ½ Päckchen Soßenpulver »Vanillegeschmack«, 3 EL Zucker

Waldmeister waschen, trocken schütteln. Apfelsaft und Waldmeister aufkochen. Den Waldmeister 5 Minuten im heißen Saft ziehen lassen. Saft durch ein Sieb gießen, dabei auffangen. Gelatine und Sirup unterrühren. Die Gelatine muss sich auflösen. Götterspeise in Gläser abfüllen und kalt stellen. Milch, bis auf 2 EL, aufkochen. Soßenpulver, Zucker und 2 EL Milch glattrühren. In die kochende Milch rühren, aufkochen und 1 Minute köcheln. Von der Herdplatte nehmen und kühl stellen. Götterspeise mit der Soße anrichten und mit Waldmeister verzieren.

Wiesen-Bärenklau

Kraftpflanze der Urvölker

Lateinischer Name: Heracleum sphondylium

Weitere Namen: Gemeiner Bärenklau, Bärentatze

Erkennungsmerkmale: Wiesen-Bärenklau ist recht häufig anzutreffen und eine echte Delikatesse. Jedoch wissen nur die wenigsten, dass er essbar und noch dazu ein sehr aromatisches Gemüse ist. Der mächtige Riesen-Bärenklau, auch Herkulesstaude genannt, ist dagegen nicht essbar. Der Name Bärenklau beruht auf der Ähnlichkeit seiner Blätter zu den Klauen der Bären.

Der Wiesenbärenklau ist an seinem Stängel gut erkennbar, da er kantig, rau und stark behaart ist. Die Blätter sind gesägt, wobei sie aber unterschiedliche Formen haben können. An der Oberseite sind die Blätter behaart. Die weißen Blüten erscheinen von Juni bis September. Die Pflanze selbst kann bis zu einem Meter hoch werden.

Bei manchen Menschen kann die Haut empfindlich auf den Pflanzensaft reagieren, vor allem in Verbindung mit Sonnenlicht, da er Furocumarine enthält, die unsere Haut lichtempfindlich machen. Es können Ausschläge auftreten, die sogenannte Wiesendermatitis.

Inhaltsstoffe: Ätherische Öle, Eisen, Eiweiß, Kalium, Calcium, Linolsäure, Magnesium, Vitamin A, C

Verwechslungsmöglichkeiten

Mit anderen Doldenblütlern, allerdings ist hier die Blattform anders. Vorsicht ist geboten bei dem giftigen Riesen-Bärenklau, da sein Pflanzensaft starke Verbrennungen verursachen kann. Der Riesen-Bärenklau kann bis zu 3,5 Meter hoch werden. Der Stängel des Riesen-Bärenklau weist kleine rote Flecken auf, während der Stiel des Wiesen-Bärenklau einfarbig grün oder rötlich-braun ist. **»Ist der Stängel kantig rau, ist es Wiesen-Bärenklau! Ist der Stängel eckig, fleckig, geht's alsbald dir richtig dreckig!«**

Weitere Verwechslungsmöglichkeiten sind Engelwurz, Wilde Möhre oder Wiesenkerbel.

Riesen-Bärenklau ☠

Wilde Möhre

Engelwurz

Wiesen-Kerbel

Heilwirkung

In der Naturheilkunde werden Blätter und Wurzel genutzt. Wiesen-Bärenklau wirkt anregend und verdauungsfördernd. Zudem soll er aphrodisierende Wirkungen bei Mann und Frau haben. In der Homöopathie wird er bei Verdauungsbeschwerden, Blähungen, Husten und Heiserkeit sowie Hautleiden angewendet. Bärenklau wird in der Volksmedizin auch gegen Blasenentzündungen und Nierensteine eingesetzt.

Historisches

Schon in der germanischen Mythologie spielte der Wiesenbärenklau eine Rolle. Er war dem Götterbären Donar geweiht, der ein Freund der Bauern war. Da der Stängel stark behaart ist, sagte man ihm starke Manneskraft, Vitalität und Potenz zu.

Schon bei den Urvölkern wurde der Wiesenbärenklau als Heil- und Nahrungspflanze genutzt. In der Ernährung verwendete man hauptsächlich die Blätter als Gemüse oder für Suppen. Die Stängel wurden verwendet, um Bier zu vergären. Die Wurzeln wurden von den Heilkundigen als Aphrodisiakum verwendet. Die Blätter setzten sie bei Husten oder bei Durchfall ein. Maria Treben verwendete die Blätter bei Arthrose, Abszessen oder Blutergüssen. Zerquetschte Blätter wurden bei schlecht heilenden Wunden oder bei Geschwüren aufgelegt. Und mit dem getrockneten Kraut wurde Wolle in Gelb- oder Olivtönen gefärbt.

In der Ernährung

Die jungen Blätter kann man im Frühjahr im Salat verwenden oder auch zu Smoothies verarbeiten. Oder man gart sie als Gemüse, gibt sie zum Spinat oder auch in Pfannkuchenteig. Sehr lecker sind sie auch in einem Wildkräuterpesto. Die Blüten selbst sind sehr schön als Dekoration von Wildkräutergerichten geeignet. Auch eine Kräuterlimonade kann daraus hergestellt werden. Im Herbst oder im Winter kann man die Wurzeln ausgraben und sie wie Meerrettich fein reiben und als Gewürz verwenden; sie schmecken leicht scharf nach Rettich.

Kartoffelbrei mit Wiesen-Bärenklau

500 g Kartoffeln, 1–2 Handvoll junge Wiesenbärenklau-Blätter, 1 Zwiebel, etwas Öl, ¼ l Gemüsebrühe, Muskat, Salz, Pfeffer, nach Belieben etwas Sahne

Die Kartoffeln kochen (oder gekochte Kartoffeln vom Vortag), schälen und durch eine Presse drücken. Die Zwiebel klein schneiden und in etwas Öl glasig dünsten, die Blätter vom Wiesenbärenklau klein schneiden und zu den Zwiebeln geben, kurz mitdünsten, mit der Gemüsebrühe ablöschen und ca. 5 Minuten leicht köcheln lassen. Danach alles zu den Kartoffeln geben, würzen und alles gut vermengen. Eventuell noch etwas Sahne dazugeben.

Wildkräuterbrötchen

500 g Dinkelmehl Typ 1050, ½ Würfel Hefe, ¼ l lauwarmes Wasser, 1 TL Salz, 1 EL Olivenöl, 1 TL Honig, 2 Handvoll junge Wiesenbärenklaublätter, 100 g Sonnenblumenkerne, etwas Sojasoße

Mehl, Hefe, Wasser, Salz, Öl und Honig in einer Knetmaschine zu einem gleichmäßigen Hefeteig verkneten. Anschließend den Teig abgedeckt 30 Minuten an einem warmen Platz gehen lassen. Die Wiesenbärenklaublätter klein schneiden, die Sonnenblumenkerne in einer Pfanne etwas anrösten und mit etwas Sojasoße ablöschen. Wenn der Teig gegangen ist, die Blätter vom Wiesenbärenklau und die Sonnenblumenkerne unter den Teig kneten. Den Teig nochmals 15 Minuten gehen lassen. Danach kleine Brötchen aus dem Teig formen, diese auf ein Backblech setzen und nochmals abgedeckt 15 Minuten gehen lassen. Danach die Brötchen mit Wasser einpinseln und eventuell mit Sonnenblumenkernen bestreuen.
Bei 200 °C 20 Minuten backen.

Wiesen-Bärenklau Salz

100 g grobes Meersalz, 100 g kleine Wiesen-Bärenklau-Blätter, 5 Kardamom-Kapseln, 1 Prise Pfeffer, 5 g Schwarzkümmel, 100 g andere Wildkräuter wie z.B. Brennnessel, Spitzwegerich oder Giersch

Alle Kräuter klein schneiden, das Salz mit den frischen Kräutern und Gewürzen vermischen. In einem verschließbaren Gefäß 24 Stunden durchziehen lassen. Danach nochmals gut durchmischen, auf einem Backblech verteilen und bei ca. 40 °C im Backofen trocknen lassen, dabei die Backofentür leicht geöffnet lassen (z.B. einen Kochlöffel dazwischen spannen). Nach ca. 12 Stunden müsste alles getrocknet sein. Das Salz kann als grobes Salz verwendet werden. Wer es feiner möchte, kann es noch im Mixer zerkleinern. Es ist hervorragend für Suppen, Salate, Gemüse oder auch für Fleisch und Fisch geeignet.

Wiesenbärenklau-Sticks

20 Wiesenbärenklau-Stängel (10 cm lang), 1 Ei, etwas Mehl, 150 g Semmelbrösel, 1 TL Kräutersalz, Öl zum Ausbacken

Die Stängel waschen und in Salzwasser etwa 5 Minten garen, aus dem Wasser nehmen und in kaltem Wasser abschrecken, mit einem Tuch trocken tupfen. Das Ei mit dem Kräutersalz verquirlen, die Stängel erst in Mehl, dann in Ei und zum Schluss in Semmelbrösel panieren. Das Öl in der Pfanne erhitzen und die Stängel darin ausbacken. Eventuell noch mit Zitronensaft beträufeln. Passt gut als Snack zu Bier oder Wein.

Wildkräuter-Smoothie

2 Handvoll Wildkräuter wie Wiesenbärenklau, Labkraut, Spitzwegerich, Brennnessel, 1 Banane, 1 Apfel, Saft 1 Zitrone

Alles in den Mixer geben, kräftig durchmixen, fertig!

KRÄUTERMANUFAKTUR, KRÄUTERFÜHRUNGEN, KOCHKURSE UND MEHR

Da Kräuter meine Herzensangelegenheit sind, habe ich seit Jahren eine kleine Kräutermanufaktur. Hergestellt werden von mir hochwertige Kräutermischungen, Sirupe, Aufstriche und einiges mehr. Ich verwende vorrangig Zutaten aus meinem Garten, meiner Kräuterschnecke und von unserer Streuobstwiese.

Kräutermanufaktur: Die Kräuter werden frisch geerntet, handverlesen und mit viel Hingabe und Liebe verarbeitet. Es versteht sich von selbst, dass ohne künstliche Zusatzstoffe und ohne Zusatz von Aromen gearbeitet wird. Eben im Einklang mit der Natur!

Kräuterführungen: Da ich begeisterte Kräuterpädagogin bin, biete ich natürlich auch Kräuterführungen an.

Begleiten Sie mich bei einem Spaziergang durch die Natur, um gemeinsam heimische Wildkräuter zu fühlen – schmecken – riechen. Erfahren Sie allerlei Wissenswertes über unsere heimischen Wildkräuter und lassen Sie uns diese gemeinsam entdecken und genießen.

Wollen Sie mit einer Gruppe (Verein oder ähnliches) eine Kräuterführung buchen, dürfen Sie entweder nach Durlangen kommen oder ich komme zu Ihnen vor Ort.

Kräuterdetektive: Ich biete auch Kräuterführungen für Kinder an. Egal ob Kindergeburtstag oder Sommerferienprogramm, Kindergärten oder Grundschule. Bei einem kleinen Spaziergang lernen wir unsere heimischen Wildkräuter kennen und natürlich werden diese auch verarbeitet und eventuell am Lagerfeuer mit Stockbrot aufgegessen.

WILDKRÄUTER VERARBEITEN UND ANWENDEN

Kräuterkurse: Bei meinen Kräuterkursen zeige ich Ihnen, wie wir Wildkräuter verarbeiten und anwenden können. Egal ob Gewürze für die Küche, Teemischungen oder leckere Gerichte. Außerdem erzähle ich Ihnen von den Heilkräften der verwendeten Kräuter. Natürlich erhält jeder Teilnehmer ein kleines Rezeptheft.

Lassen Sie sich inspirieren!

Naturkosmetik: Des Weiteren biete ich Kurse zur Herstellung von Naturkosmetik an.

Wir stellen eine Gesichtscreme, Handcreme, einen Lippenpflegestift und noch einiges mehr aus hochwertigen Pflanzenölen und Tinkturen her.

KONTAKT
Bärbel Kenner,
Kräuterpädagogin BNE
Danziger Straße 25,
73568 Durlangen
07176/3113,
0174/3836566
info@kraeuter-kenner.de
www.kraeuter-kenner.de